◆ 市町村長等

危険物に関する法令において，“市町村長等”とは次のことを意味する．

消防本部および消防署を置く区域	当該市町村長
消防本部および消防署を置かない区域	当該区域を管轄する都道府県知事

◆ 略語等

試験では次のような略語が使用されているので，注意が必要である。

法令	消防法，危険物の規制に関する政令または危険物の規制に関する規則
法	消防法
政令	危険物の規制に関する政令
規則	危険物の規制に関する規則
製造所等	製造所，貯蔵所または取扱所
市町村長等	市町村長，都道府県知事または総務大臣
免状	危険物取扱者免状
所有者等	所有者，管理者または占有者

＊模擬問題でも，同じ略語を使用しています。

甲種
危険物取扱者
速習テキスト

小川 和郎 著

電気書院

[本書の正誤に関するお問い合せ方法は，最終ページをご覧ください]

はじめに

消防法では，火災の発生や拡大の危険性がある物品，消火が困難な物品等を「危険物」と定義し，第１類～第６類危険物として分類しています．甲種危険物取扱者はこれらの危険物をすべて取り扱うことが可能な資格であるため，すべての危険物に関する知識が必要になります．これらのことから，甲種危険物取扱者試験の難易度は高くなりますが，取得によるメリットも大きい資格です．

甲種危険物取扱者の受験資格はいくつかあり，いずれかに該当すれば受験することができます．本書は，危険物の取扱いに従事されている方や，乙種危険物取扱者の資格を取らずに甲種危険物取扱者にチャレンジしようという方等，様々なバックグランドを持つ方に読んでいただけるよう，基礎部分を詳細に解説するとともに，模擬問題（3回分）にも詳しい解説を付けて，より理解が深まるように執筆しました．

ご努力が実を結び，合格されることを祈念いたします．

2021 年 12 月　著者

甲種危険物取扱者試験について

1　危険物取扱者とは

一定数量以上の危険物を取り扱う製造所，貯蔵所，取扱所等には，その危険物を取り扱うことができる危険物取扱者を置くことが法令（消防法）で義務付けられています．危険物取扱者には，危険物の種類によって下記のようなものがあります．危険物を取り扱っているのは化学系の工場だけではありませんので，様々な事業所で必要とされる資格の１つです．

○　甲種危険物取扱者
○　乙種危険物取扱者
　　乙種第１類危険物取扱者
　　乙種第２類危険物取扱者
　　乙種第３類危険物取扱者
　　乙種第４類危険物取扱者
　　乙種第５類危険物取扱者
　　乙種第６類危険物取扱者
○　丙種危険物取扱者

危険物取扱者が可能な業務

2.1　甲種危険物取扱者

⑴　取扱いが可能な危険物
　すべての危険物の取扱いが可能です．

⑵　立会い業務
　無資格者が危険物を取り扱う場合，立ち会うことが可能です．

⑶　その他の業務
　６か月以上の実務経験があると，危険物保安監督者になることが可能です．
　さらに，危険物保安監督者＋甲種危険物取扱者の組み合わせで，甲種防火管理者や防災管理者になることが可能です．

2.2　乙種危険物取扱者

⑴　取扱いが可能な危険物

　資格を有している類の危険物のみ，取扱いが可能です.

⑵　立会い業務

　無資格者が危険物を取り扱う場合，立ち会うことが可能です.（ただし，資格を有している類の危険物に限ります）

⑶　その他の業務

　6か月以上の実務経験があると，危険物保安監督者になることが可能です.（ただし，資格を有している類の危険物に限ります）

　甲種危険物取扱者と異なり，甲種防火管理者や防災管理者になることはできません.（乙種第1類～第6類まですべて取得していても，甲種危険物取扱者の有資格者とは異なります）

2.3　丙種危険物取扱者

⑴　取扱いが可能な危険物

　第4類危険物の中の特定の危険物のみ，取扱いが可能です.

⑵　立会い業務

　立会い業務はできません.

⑶　その他の業務

　実務経験に関係なく，危険物保安監督者になることはできません．甲種防火管理者や防災管理者になることもできません.

3　甲種危険物取扱者の試験

3.1　試験内容と合格基準

甲種危険物取扱者の試験科目と問題数は以下の通りです.

試験時間は2.5時間で，合計45問が出題されます.

なお，試験は5肢択一式で，マークシート方式で回答します.

試験科目	問題数
危険物に関する法令	15問
物理学及び化学	10問
危険物の性質並びにその火災予防及び消火の方法	20問

試験に合格するためには，すべての科目で6割以上の正答が必要になります．

試験科目	正答数
危険物に関する法令	9 問以上
物理学及び化学	6 問以上
危険物の性質並びにその火災予防及び消火の方法	12 問以上

※乙種危険物取扱者の試験と異なり，甲種危険物取扱者の試験には試験科目等の一部免除がありません．保有資格や受験資格に関係なく，受験者は全員が上記の科目をすべて受験しなければなりません．

3.2　願書受付期間，試験日等

試験は各都道府県で実施されています．このため，願書受付期間や試験日等は，受験地によって異なります．

詳細は「一般財団法人　消防試験研究センター」のホームページ等でご確認下さい．

また，受験願書等は，受付日の約1ヶ月前より各都道府県の消防本部や消防署，県民局で配布されています．

3.3　受験資格

乙種及び丙種危険物取扱者の受験資格は何もありませんが，甲種危険物取扱者の試験を受験するためには下記のいずれかに該当しなければなりません．

(1)　化学に関する学科の卒業生

大学等（大学，短期大学，高等専門学校，専修学校，高等学校又は中等教育学校の専攻科，防衛大学校，職業能力開発総合大学校，職業能力開発大学校，職業能力開発短期大学校，外国に所在する大学等）において化学に関する学科等を修めて卒業した者

(2)　化学に関する単位を15単位以上修得

大学等（大学，短期大学，高等専門学校（専門科目に限る），大学院，専修学校，大学・短期大学・高等専門学校の専攻科，防衛大学校，防衛医科大学校，水産大学校，海上保安大学校，気象大学校，職業能力開発総合大学校，職業能力開発大学校，職業能力開発短期大学校，外国に所在する大学等）において化学に関する授業科目を15単位以上修得した者

⑶　乙種危険物取扱者（実務経験２年以上）

乙種危険物取扱者免状の交付を受けた後，危険物製造所等における危険物取扱いの実務経験が２年以上の者

⑷　乙種危険物取扱者（４種類以上取得）

次の４種類以上の乙種危険物取扱者免状の交付を受けている者

1	第1類又は第6類
2	第2類又は第4類
3	第3類
4	第5類

⑸　修士・博士の学位を有する者

修士又は博士の学位を授与された者で，化学に関する事項を専攻したもの（外国の同学位も含む）

目次

第１編　危険物に関する法令

第１章　危険物に関する法令の概要……………………………… 2
1.1　危険物に関する法令の体系 ………………………………… 2
1.2　危険物の定義 ………………………………………………… 3
1.3　危険物の判定 ………………………………………………… 7
1.4　指定数量 ……………………………………………………… 7
1.5　危険物施設の区分 ………………………………………… 13
1.6　製造所，貯蔵所又は取扱所に関する諸手続 …………… 14
1.7　危険物取扱者 ……………………………………………… 17
1.8　危険物保安統括管理者 …………………………………… 21
1.9　危険物保安監督者 ………………………………………… 23
1.10　危険物施設保安員 ……………………………………… 26
1.11　予防規程 ………………………………………………… 28
1.12　保安検査 ………………………………………………… 30
1.13　定期点検 ………………………………………………… 31
1.14　自衛消防組織 …………………………………………… 33
1.15　違反措置 ………………………………………………… 33
1.16　許可の取り消しと使用停止命令 ………………………… 35
1.17　立入検査 ………………………………………………… 37
1.18　事故発生時の措置 ……………………………………… 38

第２章　製造所等の位置，構造及び設備の基準…………………39
2.1　製造所の基準 ……………………………………………… 39
2.2　貯蔵所の定義と区分 ……………………………………… 45
2.3　屋内貯蔵所の基準 ………………………………………… 46
2.4　屋外タンク貯蔵所 ………………………………………… 48
2.5　屋内タンク貯蔵所 ………………………………………… 53
2.6　地下タンク貯蔵所 ………………………………………… 56
2.7　簡易タンク貯蔵所 ………………………………………… 58
2.8　移動タンク貯蔵所 ………………………………………… 59
2.9　屋外貯蔵所 ………………………………………………… 61
2.10　取扱所の定義と区分 …………………………………… 63
2.11　給油取扱所（屋内給油取扱所以外） …………………… 64
2.12　給油取扱所（屋内給油取扱所） ………………………… 68
2.13　販売取扱所 ……………………………………………… 69
2.14　移送取扱所 ……………………………………………… 70
2.15　一般取扱所 ……………………………………………… 72

第 3 章　消火設備，警報設備及び避難設備の基準……………… 73
3.1　消火設備の基準 …………………………………………… 73
3.2　警報設備の基準 …………………………………………… 75
3.3　避難設備の基準 …………………………………………… 77

第 4 章　貯蔵及び取扱いの基準…………………………………… 78
4.1　貯蔵及び取扱いのすべてに共通する技術上の基準……………… 78
4.2　危険物の類ごとに共通する技術上の基準 …………………… 79
4.3　貯蔵の技術上の基準 ……………………………………… 80
4.4　取扱いの技術上の基準（作業ごとの基準） …………………… 82
4.5　取扱いの技術上の基準（製造所等の区分ごとの基準） ……………… 83

第 5 章　運搬及び移送の基準………………………………………87
5.1　運搬容器の技術上の基準 …………………………………… 87
5.2　積載方法の技術上の基準 …………………………………… 88
5.3　運搬方法の技術上の基準 …………………………………… 89
5.4　移動タンク貯蔵所による危険物の移送に関する基準 ……………… 90

第 2 編　物理学及び化学

第 1 章　物理学と化学の基礎……………………………………94
1.1　物質の構造 ………………………………………………… 94
1.2　物質の三態と状態変化 ……………………………………… 99
1.3　熱 ………………………………………………………… 105
1.4　電気工学の基礎 …………………………………………… 109
1.5　静電気 ……………………………………………………… 111
1.6　密度と比重 ………………………………………………… 112
1.7　気体の性質 ………………………………………………… 114
1.8　溶液の性質 ………………………………………………… 121
1.9　物理変化と化学変化 ……………………………………… 123
1.10　反応速度 ………………………………………………… 131
1.11　空気の性質 ……………………………………………… 133
1.12　金属の性質 ……………………………………………… 135
1.13　無機化学の基礎 ………………………………………… 139
1.14　有機化学の基礎 ………………………………………… 143

第 2 章　燃焼の基礎……………………………………………… 149
2.1　燃焼の定義 ………………………………………………… 149
2.2　燃焼の三要素 ……………………………………………… 149
2.3　燃焼の難易 ………………………………………………… 151
2.4　燃焼の形態 ………………………………………………… 152
2.5　燃焼の条件 ………………………………………………… 154

2.6　自然発火 …… 158
2.7　混合・混触による危険 …… 159

第3章　消火の基礎 …… 161
3.1　消火の原理 …… 161
3.2　消火設備 …… 162
3.3　消火剤 …… 164

第3編　危険物の性質並びにその火災予防及び消火の方法

第1章　危険物の概要 …… 172
1.1　危険物の分類 …… 172
1.2　危険物の定義 …… 172

第2章　第1類危険物 …… 177
2.1　共通の性質 …… 177
2.2　塩素酸塩類 …… 178
2.3　過塩素酸塩類 …… 181
2.4　無機過酸化物 …… 183
2.5　亜塩素酸塩類 …… 186
2.6　臭素酸塩類 …… 188
2.7　硝酸塩類 …… 189
2.8　よう素酸塩類 …… 190
2.9　過マンガン酸塩類 …… 192
2.10　重クロム酸塩類 …… 193
2.11　その他のもので政令で定めるもの …… 195

第3章　第2類危険物 …… 200
3.1　共通の性質 …… 200
3.2　硫化りん …… 202
3.3　赤りん …… 204
3.4　硫黄 …… 205
3.5　鉄粉 …… 206
3.6　金属粉 …… 207
3.7　マグネシウム …… 208
3.8　引火性固体 …… 210

第4章　第3類危険物 …… 212
4.1　共通の性質 …… 212
4.2　カリウム・ナトリウム …… 214
4.3　アルキルアルミニウム …… 216
4.4　アルキルリチウム …… 217
4.5　黄りん …… 218

4.6　アルカリ金属及びアルカリ土類金属 …… 219
4.7　有機金属化合物 …… 221
4.8　金属の水素化物 …… 222
4.9　金属のりん化物 …… 223
4.10　カルシウム及びアルミニウムの炭化物 …… 225
4.11　その他のもので政令で定めるもの …… 226

第5章　第4類危険物 …… 228
5.1　共通の性質 …… 228
5.2　特殊引火物 …… 229
5.3　第1石油類 …… 232
5.4　アルコール類 …… 234
5.5　第2石油類 …… 236
5.6　第3石油類 …… 240
5.7　第4石油類 …… 243
5.8　動植物油類 …… 244

第6章　第5類危険物 …… 245
6.1　共通の性質 …… 245
6.2　有機過酸化物 …… 246
6.3　硝酸エステル類 …… 248
6.4　ニトロ化合物 …… 252
6.5　ニトロソ化合物 …… 254
6.6　アゾ化合物 …… 255
6.7　ジアゾ化合物 …… 256
6.8　ヒドラジンの誘導体 …… 257
6.9　ヒドロキシルアミン …… 258
6.10　ヒドロキシルアミン塩類 …… 259
6.11　その他のもので政令で定めるもの …… 260

第7章　第6類危険物 …… 264
7.1　共通の性質 …… 264
7.2　過塩素酸 …… 265
7.3　過酸化水素 …… 266
7.4　硝酸 …… 268
7.5　その他のもので政令で定めるもの …… 269

本試験形式　模擬試験問題 …… 273
本試験形式　模擬試験問題　解答と解説 …… 313

索引 …… 339

第１編
危険物に関する法令

危険物に関する法令の概要

1.1 危険物に関する法令の体系

日本には日本国憲法を頂点とし，法律，政令，省令等が制定されている．法律とは基本的な事項を規定するもので，国会で制定される．政令は内閣が，省令（規則）は各省庁の大臣が制定するもので，法律に基づき具体的な基準を規定している．このほかに，市町村が定める条例がある．

危険物に関する法令には，消防法（法律），危険物の規制に関する政令（政令），危険物の規制に関する規則（省令）等があり，第1編ではこれらの法令の内容について解説する．

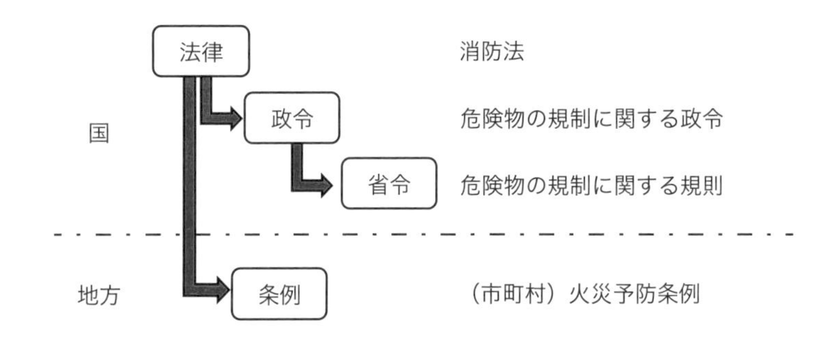

Oneポイント アドバイス!!

法律，政令，省令の順に，より詳細な内容を制定している．

Oneポイント アドバイス!!

危険物取扱者は国家資格であるため，市町村が定める火災予防条例の内容については試験範囲外となる．

1.2 危険物の定義

危険物とは，消防法（第２条第７項）において次のように定義されている．

『危険物とは，別表第１の品名欄に掲げる物品で，同表に定める区分に応じ同表の性質欄に掲げる性状を有するものをいう．』

すなわち，危険物とは消防法で定められた物品であり，消防法（別表第１）に掲載されていない物品は危険物に該当しない．

One ポイント アドバイス!!

危険物は常温，常圧で液体又は固体のものであり，可燃物や不燃物，無毒のものから毒性・劇性のもの等，様々なものがあるが，気体の危険物はない．

参考

水素ガスや都市ガス等の気体は消防法とは異なる法令（例えば高圧ガス保安法）等によって規制されているため，消防法の危険物には該当しない．

毒性・劇性を有するものについては，「消防法」以外にも目的に応じて「毒物及び劇物取締法」や「労働安全衛生法」等で規制されている．

消防法（別表第１）

種別	性質	品名
第1類	酸化性固体	1．塩素酸塩類 2．過塩素酸塩類 3．無機過酸化物 4．亜塩素酸塩類 5．臭素酸塩類 6．硝酸塩類 7．よう素酸塩類 8．過マンガン酸塩類 9．重クロム酸塩類 10．その他のもので政令で定めるもの 11．前各号に掲げるもののいずれかを含有するもの

第2類	**可燃性固体**	1．硫化りん 2．赤りん 3．硫黄 4．鉄粉 5．金属粉 6．マグネシウム 7．その他のもので政令で定めるもの 8．前各号に掲げるもののいずれかを含有するもの 9．引火性固体
第3類	**自然発火性物質 及び 禁水性物質**	1．カリウム 2．ナトリウム 3．アルキルアルミニウム 4．アルキルリチウム 5．黄りん 6．アルカリ金属（カリウム及びナトリウムを除く）及びアルカリ土類金属 7．有機金属化合物（アルキルアルミニウム及びアルキルリチウムを除く） 8．金属の水素化物 9．金属のりん化物 10．カルシウム又はアルミニウムの炭化物 11．その他のもので政令で定めるもの 12．前各号に掲げるもののいずれかを含有するもの
第4類	**引火性液体**	1．特殊引火物 2．第1石油類 3．アルコール類 4．第2石油類 5．第3石油類 6．第4石油類 7．動植物油類
第5類	**自己反応性物質**	1．有機過酸化物 2．硝酸エステル類 3．ニトロ化合物 4．ニトロソ化合物 5．アゾ化合物 6．ジアゾ化合物 7．ヒドラジンの誘導体 8．ヒドロキシルアミン 9．ヒドロキシルアミン塩類 10．その他のもので政令で定めるもの 11．前各号に掲げるもののいずれかを含有するもの
第6類	**酸化性液体**	1．過塩素酸 2．過酸化水素 3．硝酸 4．その他のもので政令で定めるもの 5．前各号に掲げるもののいずれかを含有するもの

備考（別表第１）

1．酸化性固体とは，固体（液体（１気圧において，20 ℃で液状であるもの又は20 ℃を超え40 ℃以下の間において液状となるものをいう．以下同じ．）又は気体（１気圧において，20 ℃で気体状であるものをいう．）以外のものをいう．以下同じ．）であって，酸化力の潜在的な危険性を判断するための政令で定める試験において政令で定める性状を示すもの又は衝撃に対する敏感性を判断するための政令で定める試験において政令で定める性状を示すものであることをいう．

2．可燃性固体とは，固体であって，火炎による着火の危険性を判断するための政令で定める試験において政令で定める性状を示すもの又は引火の危険性を判断するための政令で定める試験において引火性を示すものであることをいう．

3．鉄粉とは，鉄の粉をいい，粒度等を勘案して総務省令で定めるものを除く．

4．硫化りん，赤りん，硫黄及び鉄粉は，備考第２号に規定する性状を示すものとみなす．

5．金属粉とは，アルカリ金属，アルカリ土類金属，鉄及びマグネシウム以外の金属の粉をいい，粒度等を勘案して総務省令で定めるものを除く．

6．マグネシウム及び第２類の項第８号の物品のうちマグネシウムを含有するものにあっては，形状等を勘案して総務省令で定めるものを除く．

7．引火性固体とは，固形アルコール，その他１気圧において引火点が40 ℃未満のものをいう．

8．自然発火性物質及び禁水性物質とは，固体又は液体であって，空気中での発火の危険性を判断するための政令で定める試験において政令で定める性状を示すもの又は水と接触して発火し，もしくは可燃性ガスを発生する危険性を判断するための政令で定める試験において政令で定める性状を示すものであることをいう．

9．カリウム，ナトリウム，アルキルアルミニウム，アルキルリチウム及び黄りんは，前号に規定する性状を示すものとみなす．

10．引火性液体とは，液体（第３石油類，第４石油類及び動植物油類にあっては，１気圧において，20 ℃で液状であるものに限る．）であって，引火の危険性を判断するための政令で定める試験において引火性を示すものであることをいう.

11. 特殊引火物とは，ジエチルエーテル，二硫化炭素，その他１気圧において，発火点が100 ℃以下のもの又は引火点が－20 ℃以下で沸点が40 ℃以下のものをいう.

12. 第１石油類とは，アセトン，ガソリン，その他１気圧において引火点が21 ℃未満のものをいう.

13. アルコール類とは，１分子を構成する炭素の原子の数が１個から３個までの飽和１価アルコール（変性アルコールを含む.）をいい，組成等を勘案して総務省令で定めるものを除く.

14. 第２石油類とは，灯油，軽油，その他１気圧において引火点が21 ℃以上70 ℃未満のものをいい，塗料類その他の物品であって，組成等を勘案して総務省令で定めるものを除く.

15. 第３石油類とは，重油，クレオソート油，その他１気圧において引火点が70 ℃以上200 ℃未満のものをいい，塗料類その他の物品であって，組成を勘案して総務省令で定めるものを除く.

16. 第４石油類とは，ギヤー油，シリンダー油，その他１気圧において引火点が200 ℃以上250 ℃未満のものをいい，塗料類，その他の物品であって，組成を勘案して総務省令で定めるものを除く.

17. 動植物油類とは，動物の脂肉等又は植物の種子もしくは果肉から抽出したものであって，１気圧において引火点が250 ℃未満のものをいい，総務省令で定めるところにより貯蔵保管されているものを除く.

18. 自己反応性物質とは，固体又は液体であって，爆発の危険性を判断するための政令で定める試験において政令で定める性状を示すもの又は加熱分解の激しさを判断するための政令で定める試験において政令で定める性状を示すものであることをいう.

19. 第５類の項第11号の物品にあっては，有機過酸化物を含有するもののうち不活性の固体を含有するもので，総務省令で定めるものを除く.

20. 酸化性液体とは，液体であって，酸化力の潜在的な危険性を判断するための政令で定める試験において政令で定める性状を示すものであることをいう.

21.　この表の性質欄に掲げる性状の２以上を有する物品の属する品名は，総務省令で定める.

1.3 危険物の判定

第１類〜第６類危険物に該当するか否かの判定するための試験方法は，危険物の規制に関する政令（第１条の３〜８）に定められている.

類　別	試験内容	試験方法
第1類	酸化力の潜在的な危険性を判断する	燃焼試験
	衝撃に対する敏感性を判断する	落球式打撃感度試験 鉄管試験
第2類	火炎による着火の危険性を判断する	小ガス炎着火試験
	引火の危険性を判断する	引火点測定試験
第3類	空気中での発火の危険性を判断する	自然発火性試験
	水と接触して発火又は可燃性ガスを発生する危険性を判断する	水との反応性試験
第4類	引火の危険性を判断する	引火点測定試験
第5類	爆発の危険性を判断する	熱分析試験
	加熱分解の激しさを判断する	圧力容器試験
第6類	酸化力の潜在的な危険性を判断する	燃焼試験

Oneポイント アドバイス!!

危険物の各類の性質と結び付けて覚える.

1.4 指定数量

(1) 指定数量とは

消防法（第９条の４）において，危険物についてその危険性を勘案して政令で定める数量を［**指定数量**］とし，危険物の規制に関する政令の別表第３に次のように定められている.

別表第３（危険物の規制に関する政令）

類別	品名	性質	指定数量	危険等級
第1類		第1種酸化性固体	50 kg	I
		第2種酸化性固体	300 kg	II
		第3種酸化性固体	1000 kg	III
第2類	硫化りん		100 kg	II
	赤りん		100 kg	II
	硫黄		100 kg	II
		第1種可燃性固体	100 kg	II
	鉄粉		500 kg	III
		第2種可燃性固体	500 kg	III
		引火性固体	1000 kg	III
第3類	カリウム		10 kg	I
	ナトリウム		10 kg	I
	アルキルアルミニウム		10 kg	I
	アルキルリチウム		10 kg	I
		第1種自然発火性物質及び禁水性物質	10 kg	I
	黄りん		20 kg	I
		第2種自然発火性物質及び禁水性物質	50 kg	II
		第3種自然発火性物質及び禁水性物質	300 kg	II
第4類	特殊引火物		50 L	I
	第1石油類	非水溶性液体	200 L	II
		水溶性液体	400 L	II
	アルコール類		400 L	II
	第2石油類	非水溶性液体	1000 L	III
		水溶性液体	2000 L	III
	第3石油類	非水溶性液体	2000 L	III
		水溶性液体	4000 L	III
	第4石油類		6000 L	III
	動植物油類		10000 L	III
第5類		第1種自己反応性物質	10 kg	I
		第2種自己反応性物質	100 kg	II
第6類			300 kg	I

※この表では，別表第３に危険物の規制に関する規則（第39条の2）の危険物等級を付記している.

Oneポイント アドバイス!!

指定数量の小さいものほど危険性が高い.

備考（別表第３）

1．第１種酸化性固体とは，粉粒状の物品にあっては次のイに掲げる性状を示すもの，その他の物品にあっては次のイ及びロに掲げる性状を示すものであることをいう.

イ　臭素酸カリウムを標準物質とする第１条の３第２項の燃焼試験において同項第２号の燃焼時間が同項第１号の燃焼時間と等しいかもしくはこれより短いこと又は塩素酸カリウムを標準物質とする同条第６項の落球式打撃感度試験において試験物品と赤りんとの混合物の爆発する確率が50％以上であること.

ロ　第１条の３第１項に規定する大量燃焼試験において同条第３項第２号の燃焼時間が同項第１号の燃焼時間と等しいか又はこれより短いこと及び同条第７項の鉄管試験において鉄管が完全に裂けること.

2．第２種酸化性固体とは，粉粒状の物品にあっては次のイに掲げる性状を示すもの，その他の物品にあっては次のイ及びロに掲げる性状を示すもので，第１種酸化性固体以外のものであることをいう.

イ　第１条の３第１項に規定する燃焼試験において同条第２項第２号の燃焼時間が同項第１号の燃焼時間と等しいか又はこれより短いこと及び同条第５項に規定する落球式打撃感度試験において試験物品と赤りんとの混合物の爆発する確率が50％以上であること.

ロ　前号ロに掲げる性状

3．第３種酸化性固体とは，第１種酸化性固体又は第２種酸化性固体以外のものであることをいう.

4．第１種可燃性固体とは，第１条の４第２項の小ガス炎着火試験において試験物品が３秒以内に着火し，かつ，燃焼を継続するものであることをいう.

5．第２種可燃性固体とは，第１種可燃性固体以外のものであることをいう.

6．第１種自然発火性物質及び禁水性物質とは，第１条の５第２項の自然発火性試験において試験物品が発火するもの又は同条第５項の水との反応性試験において発生するガスが発火するものであることをいう.

7．第２種自然発火性物質及び禁水性物質とは，第１条の５第２項の自然発火性試験において試験物品がろ紙を焦がすもの又は同条第５項の水との反応性試験において発生するガスが着火するもので，第１種自然発火性物質及び禁水性物質以外のものであることをいう．

8．第３種自然発火性物質及び禁水性物質とは，第１種自然発火性物質及び禁水性物質又は第２種自然発火性物質及び禁水性物質以外のものであることをいう．

9．非水溶性液体とは，水溶性液体以外のものであることをいう．

10．水溶性液体とは，１気圧において，20 ℃で同容量の純水と緩やかにかき混ぜた場合に，流動がおさまった後も当該混合液が均一な外観を維持するものであることをいう．

11．第１種自己反応性物質とは，孔径が９ mmのオリフィス板を用いて行う第１条の７第５項の圧力容器試験において破裂板が破裂するものであることをいう．

12．第２種自己反応性物質とは，第１種自己反応性物質以外のものであることをいう．

⑵　指定数量の倍数

同一の場所で危険物を貯蔵又は取り扱う場合，危険物の種類数によって次のように倍数を計算する．（消防法第10条第２項）

（i）１種類の場合

$$倍数 = \frac{Aの取扱量}{Aの指定数量}$$

（ii）２種類以上の場合

$$倍数 = \frac{Aの取扱量}{Aの指定数量} + \frac{Bの取扱量}{Bの指定数量} + \frac{Cの取扱量}{Cの指定数量} + \cdots$$

ここで問題!!

1. アセトン200 Lを取り扱う場合の指定数量の倍数はいくらか.

2. 硫黄1000 kg，エタノール1200 L，硝酸600 kgを同一場所で取り扱う場合，指定数量の倍数はいくらか.

<解答と解説>

1. 0.5倍

アセトンは第４類危険物の第１石油類で，かつ水溶性液体であるので，指定数量は400 Lとなる.

$$\frac{\text{アセトンの取扱量}}{\text{アセトンの指定数量}}=\frac{200\ \text{L}}{400\ \text{L}}=0.5$$

2. 15倍

各危険物の指定数量は次の通り.

硫黄	第２類危険物	100 kg
エタノール	第４類危険物（アルコール類）	400 L
硝酸	第６類危険物	300 kg

$$\frac{\text{硫黄の取扱量}}{\text{硫黄の指定数量}}+\frac{\text{エタノールの取扱量}}{\text{エタノールの指定数量}}+\frac{\text{硝酸の取扱量}}{\text{硝酸の指定数量}}$$

$$=\frac{1000\ \text{kg}}{100\ \text{kg}}=\frac{1200\ \text{L}}{400\ \text{L}}=\frac{600\ \text{kg}}{100\ \text{kg}}=10+3+2=15$$

⑶　指定数量による規制

危険物の貯蔵，取扱い，運搬については，消防法で以下のように定められている.

（i）貯蔵・取扱い（原則）

指定数量［**以上**］の危険物は，貯蔵所以外の場所でこれを貯蔵し，又は製造所，貯蔵所及び取扱所以外の場所でこれを取り扱ってはならない．一方，指定数量［**未満**］の危険物及び指定可燃物その他指定可燃物に類する物品を貯蔵し，又は取り扱う場所の位置，構造及び設備の技術上の基準は，市町村条例で定める.（消防法第９条の４第２項，第10条第１項）

(ii)　貯蔵・取扱い（例外）

指定数量［以上］の危険物であっても，［所轄消防長］又は［消防署長］の［承認］を受けた場合，［10日以内］の期間に限り，［仮に貯蔵］し，又は［取り扱う］ことができる．（消防法第10条第１項）

One ポイントアドバイス!!

指定数量以上の危険物は，製造所等以外の場所で貯蔵や取扱いが禁止されているが，消防長（消防署長）の承認を受ければ，10日以内に限って仮貯蔵や仮取扱いが可能になる．

One ポイントアドバイス!!

「仮」ということばが付くときは，「承認」を受ける．

(iii)　運搬

危険物の運搬は，その容器，積載方法及び運搬方法について政令で定める技術上の基準に従ってこれをしなければならない．（消防法第16条）

ただし，航空機，船舶，鉄道又は軌道による危険物の貯蔵，取扱い又は運搬には，これを適用しない．（消防法第16条の９）

One ポイントアドバイス!!

航空機，船舶，鉄道又は軌道による危険物の貯蔵，取扱い又は運搬には，消防法以外の法令が適用される．

作業内容	規制する法令	
	指定数量の倍数が1以上	指定数量の倍数が1未満
貯　蔵	消防法 危険物の規制に関する政令 危険物の規制に関する規則	市町村条例
取扱い		
運　搬		消防法 危険物の規制に関する政令 危険物の規制に関する規則

Oneポイント アドバイス!!

指定数量未満の危険物を貯蔵・取り扱う場合のみ，市町村条例が適用される．
危険物の運搬は，指定数量の倍数に関係なく，消防法等の基準が適用される．

1.5 危険物施設の区分

指定数量以上の危険物を貯蔵し，又は取り扱う施設は，［**製造所**］，［**貯蔵所**］，［**取扱所**］の３つに分類されている．また，貯蔵所及び取扱所は下記のように区分されている．

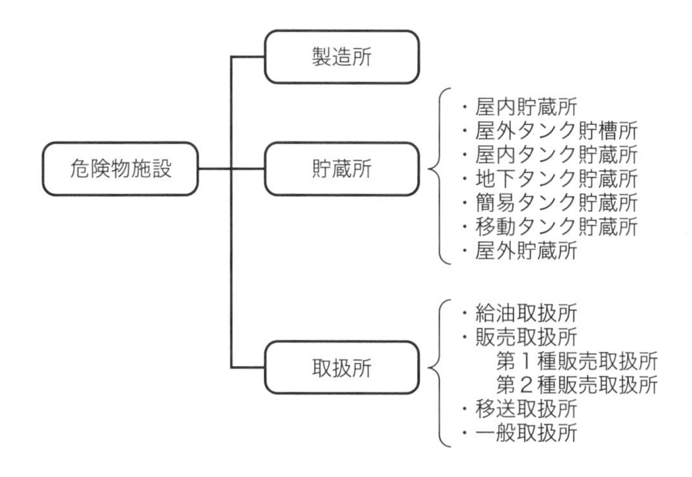

One ポイント アドバイス!!

製造所，貯蔵所，取扱所の３つをまとめて，製造所等ともいう．

1.6 製造所，貯蔵所又は取扱所に関する諸手続

(1) 設置・変更

製造所，貯蔵所又は取扱所を［**設置**］する者は，製造所，貯蔵所又は取扱所ごとに［**市町村長等**］の［**許可**］を受けなければならない．製造所，貯蔵所又は取扱所の位置，構造又は設備を［**変更**］しようとする者も同様とする．（消防法第11条第１項）

One ポイント アドバイス!!

新しく製造所等を設置する場合，又は既存の製造所等の位置，構造，設備を変更する場合は，事前に市町村長等の許可を受ける．

なお，許可を与える市町村長等とは，製造所等を設置する市町村の消防本部及び消防署の有無によって下表の通りとなる．

<table>
<tr><th>製造所等を設置する市町村の消防本部及び消防署の有無</th><th>製造所等の区分</th><th>許可権限者</th></tr>
<tr><td>○</td><td rowspan="2">移送取扱所以外</td><td>市町村長</td></tr>
<tr><td>×</td><td>都道府県知事</td></tr>
<tr><td>○
（1つの市町村区域に設置）</td><td rowspan="4">移送取扱所</td><td>市町村長</td></tr>
<tr><td>○
（2つ以上の市町村区域に設置）</td><td rowspan="2">都道府県知事</td></tr>
<tr><td>×</td></tr>
<tr><td>2つ以上の都道府県区域に設置</td><td>総務大臣</td></tr>
</table>

⑵　工事工程ごとの検査（完成検査前検査）

政令で定める製造所，貯蔵所もしくは取扱所の設置又はその位置，構造もしくは設備の変更について市町村長等による許可を受けた者は，当該許可に係る工事で政令で定めるものについては，**[完成]** 検査を **[受ける前]** において，政令で定める **[工事の工程]** ごとに，技術上の基準に適合しているかどうかについて，**[市町村長等]** が行う **[検査]** を受けなければならない．（消防法第11条の2第1項）

⑶　完成検査及び完成検査前の仮使用

製造所，貯蔵所もしくは取扱所を **[設置]** したとき，又は位置，構造もしくは設備を **[変更]** したときは，**[市町村長等]** が行う **[完成検査]** を受け，これらが技術上の基準に適合していると認められた後でなければ，これを使用してはならない．

ただし，製造所，貯蔵所又は取扱所の位置，構造又は設備を **[変更]** する場合において，当該変更の工事に係る **[部分以外の部分]** の全部又は一部について **[市町村長等]** の **[承認]** を受けたときは，完成検査を受ける前においても，**[仮に使用]** することができる．（消防法第11条第5項）

Oneポイント アドバイス!!

市町村長等の許可がなければ，工事の着工ができない．また，工事が完了しても，市町村長等が行う検査に合格しなければ使用もできない．

ただし，工事を行わない部分については，市町村長等の承認を受けて仮使用ができる．

Oneポイント アドバイス!!

「仮」ということばが付くときは，「承認」を受ける．

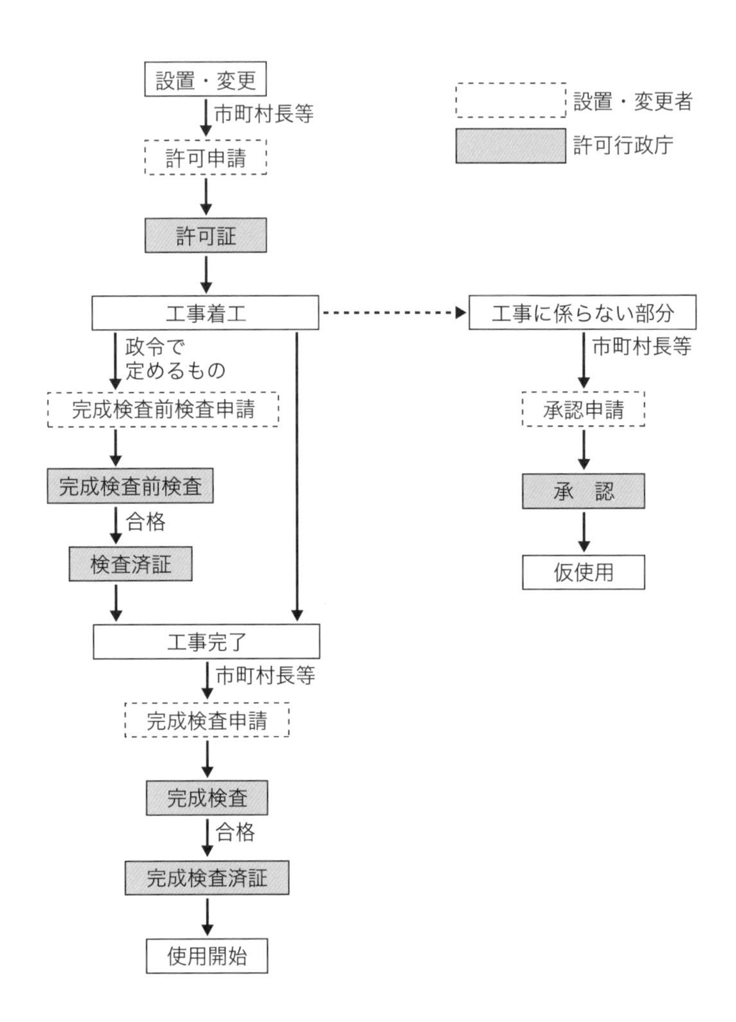

⑷　品名，数量，指定数量の倍数の変更

製造所，貯蔵所又は取扱所の位置，構造又は設備を変更しないで，危険物の［**品名**］，［**数量**］又は指定数量の［**倍数**］を［**変更**］しようとする者は，変更しようとする日の［**10日前**］までに，その旨を［**市町村長等**］に［**届け出**］なければならない．（消防法第11条の４第１項）

Oneポイント アドバイス!!

工事を行わずに変更するときは，変更する10日前までに市町村長等に届け出る．

⑸　**譲渡・引渡**

製造所，貯蔵所又は取扱所の［**譲渡**］又は［**引渡**］があったとき，譲受人又は引渡を受けた者は市町村長等による許可を受けた者の［**地位**］を［**承継**］し，その地位を承継した者は［**遅滞なく**］その旨を［**市町村長等**］に［**届け出**］なければならない．（消防法第11条第６項）

⑹　**廃止**

製造所，貯蔵所又は取扱所の用途を［**廃止**］したときは，［**遅滞なく**］その旨を［**市町村長等**］に［**届け出**］なければならない．（消防法第12条の6）

Oneポイント アドバイス!!

設置及び変更は市町村長の許可が必要だが，譲渡，引渡，廃止は，市町村長への届出で良い．また，明確な期限は定められていない．

1.7　危険物取扱者

⑴　**免状**

危険物取扱者免状には，［**甲種**］，［**乙種**］，［**丙種**］危険物取扱者免状の３種類がある．（消防法第13条の２第１項）

⑵　**取扱い・立会い**

危険物取扱者が取り扱うことができる危険物及びその取扱作業に関して立ち会うことができる危険物の種類は，総務省令（危険物の規制に関する規則）で次のように定められている．（消防法第13条の２第２項）

免状の種類	取扱い	立会い
甲　種	すべての類	すべての類
乙　種	指定の類のみ	指定の類のみ
丙　種	指定の危険物のみ	不可

Oneポイント アドバイス!!

丙種危険物取扱者は無資格者の立会いができない.

(i)　取扱い

危険物取扱者は，危険物の取扱作業に従事するときは，消防法の貯蔵又は取扱いの技術上の基準を遵守するとともに，当該危険物の保安の確保について細心の注意を払わなければならない.（政令第31条第２項）

(ii)　立会い

甲種危険物取扱者又は乙種危険物取扱者は，危険物の取扱作業の［**立会い**］をする場合は，取扱作業に従事する者が消防法の貯蔵又は取扱いの技術上の基準を遵守するように［**監督**］するとともに，必要に応じてこれらの者に［**指示**］を与えなければならない.（政令第31条第３項）

(iii)　移送

移動タンク貯蔵所による危険物の［**移送**］は，当該危険物を取り扱うことができる危険物取扱者を［**乗車**］させなければならない．また，乗車しているときは，危険物取扱者［**免状**］を［**携帯**］していなければならない.（消防法第16条の２）

Oneポイント アドバイス!!

危険物取扱者が同乗するだけで良く，運転する必要はない.
免状の携帯義務は，移動タンク貯蔵所による危険物の移送時のみ.

⑶　交付，書き換え及び再交付

(i)　交付

危険物取扱者［**免状**］は，危険物取扱者試験に合格した者に対し，［**都道府県知事**］が［**交付**］する．

ただし，下記に該当する者に対しては，危険物取扱者免状の交付を行わないことができる．

（消防法第13条の２第３項，第４項）

・危険物取扱者免状の返納を命ぜられ，その日から起算して［**１年**］を経過しない者

・消防法又は消防法に基づく命令の規定に違反して罰金以上の刑に処せられた者で，その執行を終わり，又は執行を受けることがなくなった日から起算して［**２年**］を経過しないもの

(ii)　書き換え

免状の記載事項に変更を生じたときは，遅滞なく，当該免状を交付した都道府県知事又は居住地もしくは勤務地を管轄する都道府県知事にその書換えを申請しなければならない．（政令第34条）

(iii)　再交付

免状を亡失し，滅失し，汚損し，又は破損した場合は，当該免状の交付又は書換えをした都道府県知事にその再交付を申請することができる．（政令第35条）

⑷　返納

危険物取扱者が消防法又は消防法に基づく命令の規定に違反しているときは，危険物取扱者免状を交付した［**都道府県知事**］は，当該危険物取扱者［**免状**］の［**返納**］を命ずることができる．（消防法第13条の２第５項）

Oneポイント アドバイス!!

危険物取扱者免状の交付又は返納命令は，都道府県知事が行う．
免状の返納を命じられた時点で，危険物取扱者としての資格は失効する．

⑸ 保安講習

製造所，貯蔵所又は取扱所において危険物の取扱作業に従事する危険物取扱者は，都道府県知事が行う危険物の取扱作業の保安に関する講習を受けなければならない．（消防法第13条の23）

(i) 新たに取扱作業に従事，又は継続して取扱作業に従事する場合

製造所等において危険物の取扱作業に従事する危険物取扱者は，当該取扱作業に従事することとなった日から１年以内に講習を受けなければならない．（政令第58条の14第１項）

講習を受けた日以後における最初の４月１日から３年以内に講習を受けなければならない．（政令第58条の14第２項）

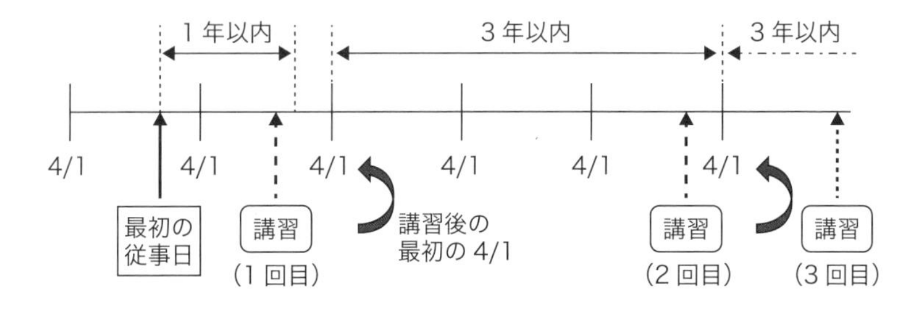

(ii) 免状交付又は保安講習を受けた後，２年以内に取扱作業に従事する場合

当該取扱作業に従事することとなった日前２年以内に危険物取扱者免状の交付を受けている場合又は講習を受けている場合は，それぞれ当該免状の交付を受けた日又は当該講習を受けた日以後における最初の４月１日から３年以内に講習を受ければ良い．（政令第58条の14第１項）

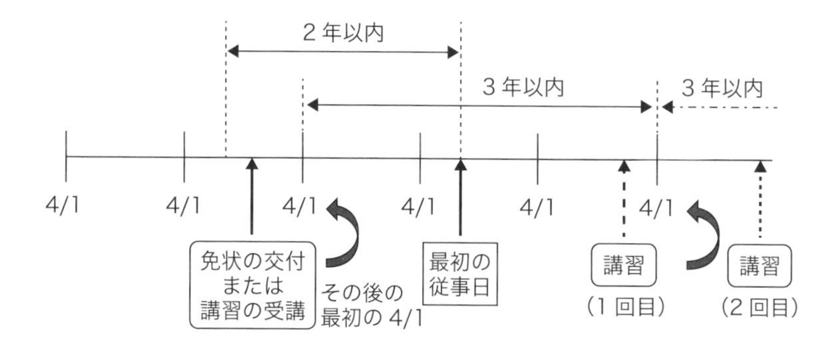

Oneポイント　アドバイス!!

危険物の取扱作業に従事していない危険物取扱者，又は危険物の取扱作業に従事している無資格者は講習を受ける必要がない．

1.8 危険物保安統括管理者

(1) 危険物保安統括管理者の選任

政令で定める製造所，貯蔵所又は取扱所の所有者，管理者又は占有者で，政令で定める数量以上の危険物を貯蔵し，又は取り扱うものは，[**危険物保安統括管理者**]を定め，当該事業所における危険物の保安に関する業務を[**統括管理**]させなければならない．また，危険物保安統括管理者を[**定めた**]とき又は[**解任**]したときは，[**遅滞なく**]その旨を[**市町村長等**]に[**届け出**]なければならない．（消防法第12条の7）

Oneポイント　アドバイス!!

危険物保安統括管理者は各事業所で選任する．

⑵　資格

危険物保安統括管理者は，当該事業所においてその事業の実施を統括管理する者をもって充てなければならない．（政令第30条の３第３項）

Oneポイント アドバイス!!

危険物取扱者でなくても良い．（無資格者でも良い．）

⑶　選任が必要な事業所

危険物保安統括管理者を定めなければならない事業所等は下表の通り．（政令第30条の３）

製造所等	取り扱う危険物
製造所 一般取扱所	第4類危険物の指定数量の倍数が3000以上
移送取扱所	第4類危険物の取扱量が指定数量以上

ただし，下記の施設を除く．（規則第47条の４）

① ボイラー，バーナーその他これらに類する装置で危険物を消費する一般取扱所

② 車両に固定されたタンクその他これに類するものに危険物を注入する一般取扱所

③ 容器に危険物を詰め替える一般取扱所

④ 油圧装置，潤滑油循環装置その他これらに類する装置で危険物を取り扱う一般取扱所

⑤ 鉱山保安法の適用を受ける製造所，移送取扱所又は一般取扱所

⑥ 火薬類取締法の適用を受ける製造所又は一般取扱所

⑦ 特定移送取扱所以外の移送取扱所

⑧ 配管の延長のうち海域に設置される部分以外の部分に係る延長が７km未満の移送取扱所

⑷　業務

政令で定める数量以上の危険物を貯蔵し，又は取り扱う製造所，貯蔵所又は取扱所の所有者，管理者又は占有者は，危険物保安統括管理者に当該事業所における危険物の保安に関する業務を統括管理させなければならない．（消防法第12条の７）

⑸　解任命令

［**市町村長等**］は，危険物保安統括管理者が消防法もしくは消防法に基づく命令の規定に違反したとき，又はこれらの者にその業務を行わせることが公共の安全の維持もしくは災害の発生の防止に支障を及ぼすおそれがあると認めるときは，製造所，貯蔵所又は取扱所の所有者，管理者又は占有者に対し，危険物保安統括管理者の［**解任**］を命ずることができる．（消防法第13条の24）

1.9　危険物保安監督者

⑴　危険物保安監督者の選任

政令で定める製造所，貯蔵所又は取扱所の所有者，管理者又は占有者は，下記の資格を有するもののうちから［**危険物保安監督者**］を定め，その者が取り扱うことができる危険物の取扱作業に関して［**保安の監督**］をさせなければならない．また，危険物保安監督者を［**定めた**］とき又は［**解任**］したときは，［**遅滞なく**］その旨を［**市町村長等**］に［**届け出**］なければならない．（消防法第13条第１項，第２項）

Oneポイントアドバイス!!

危険物保安監督者は各製造所等で選任する．

(2) 資格

危険物保安監督者は，[**甲種**] 又は [**乙種**] 危険物取扱者で，[**6ヶ月**] 以上危険物取扱いの [**実務経験**] を有する者をもって充てなければならない．（消防法第13条第１項）

Oneポイント アドバイス!!

危険物保安監督者は，6ヶ月以上の実務経験を有する甲種又は乙種危険物取扱者でなければならない．

(3) 選任が必要な製造所等

危険物保安監督者を定めなければならない製造所等は下表の通り．（政令第31条の2）

危険物の種類	第4類危険物のみ				第4類危険物以外	
指定数量の倍数	30倍以下		30倍を超える		30倍以下	30倍を超える
危険物の引火点	40℃未満	40℃以上	40℃未満	40℃以上		
製造所	○	○	○	○	○	○
屋内貯蔵所	○	×	○	○	○	○
屋外タンク貯蔵所	○	○	○	○	○	○
屋内タンク貯蔵所	○	×	○	×	○	○
地下タンク貯蔵所	○	×	○	○	○	○
簡易タンク貯蔵所	○	×	○	×	○	○
移動タンク貯蔵所	×	×	×	×	×	×
屋外貯蔵所	×	×	○	○	×	○
給油取扱所	○	○	○	○		
第1種販売取扱所	○	×			○	
第2種販売取扱所	○	×	○	×	○	○
移送取扱所	○	○	○	○	○	○
一般取扱所	○※	○	○	○	○	○

※下記の一般取扱所は危険物保安監督者の選任が不要

・ボイラー，バーナーその他これらに類する装置で危険物を消費するもの

・危険物を容器に詰め替えるもの

Oneポイント アドバイス!!

危険物の種類や取扱量に関係なく，危険物保安監督者の選任が［必要］な事業所等
・製造所
・屋外タンク貯蔵所
・給油取扱所
・移送取扱所

危険物の種類や取扱量に関係なく，危険物保安監督者の選任が［不要］の事業所等
・移動タンク貯蔵所

⑷　業務

製造所等の所有者，管理者又は占有者が危険物保安監督者に行わせなければならない業務は，次の通り．（規則第48条）

①　危険物の取扱作業の実施に際し，当該作業が技術上の基準及び予防規程等の保安に関する規定に適合するように作業者に対し必要な指示を与えること．
②　火災等の災害が発生した場合は，作業者を指揮して応急の措置を講ずるとともに，直ちに消防機関その他関係のある者に連絡すること．
③　危険物施設保安員を置く製造所等は，危険物施設保安員に必要な指示を行い，その他の製造所等は，「危険物施設保安員の業務」を行う．
④　火災等の災害の防止に関し，当該製造所等に隣接する製造所等その他関連する施設の関係者との間に連絡を保つこと．
⑤　上記のほか，危険物の取扱作業の保安に関し必要な監督業務

⑸　解任命令

［市町村長等］は，危険物保安監督者が消防法もしくは消防法に基づく命令の規定に違反したとき，又はこれらの者にその業務を行わせることが公共の安全の維持もしくは災害の発生の防止に支障を及ぼすおそれがあると認めるときは，製造所，貯蔵所又は取扱所の所有者，管理者又は占有者に対し，危険物保安監督者の**［解任］**を命ずることができる．（消防法第13条の24）

1.10 危険物施設保安員

⑴ 危険物施設保安員の選任

政令で定める製造所，貯蔵所又は取扱所の所有者，管理者又は占有者は，[**危険物施設保安員**] を定め，当該製造所，貯蔵所又は取扱所の構造及び設備に係る [**保安**] のための業務を行わせなければならない．（消防法第14条）

One ポイント アドバイス!!

危険物施設保安員の選任及び解任については，届出の必要がない．

One ポイント アドバイス!!

危険物施設保安員は各製造所等で選任する．

⑵ 資格

特に定められていない．

One ポイント アドバイス!!

危険物施設保安員は危険物取扱者でなくても良い．（無資格者でも良い．）

⑶ 選任が必要な製造所等

危険物施設保安員を定めなければならない製造所等は下表の通り．（政令第36条）

製造所等	取り扱う危険物
製造所 一般取扱所	指定数量の倍数が100以上
移送取扱所	すべて

ただし，下記の施設を除く．（規則第60条）

① ボイラー，バーナーその他これらに類する装置で危険物を消費する一般取扱所

② 車両に固定されたタンクその他これに類するものに危険物を注入する一般取扱所

③ 容器に危険物を詰め替える一般取扱所

④ 油圧装置，潤滑油循環装置その他これらに類する装置で危険物を取り扱う一般取扱所

⑤ 鉱山保安法の適用を受ける製造所，移送取扱所又は一般取扱所

⑥ 火薬類取締法の適用を受ける製造所又は一般取扱所

⑷ 業務

製造所等の所有者，管理者又は占有者が危険物施設保安員に行わせなければならない業務は，次の通り．（規則第59条）

① 製造所等の構造及び設備を技術上の基準に適合するように維持するため，定期及び臨時の点検を行うこと．

② 上記の点検を行ったときは，点検を行った場所の状況及び保安のために行った措置を記録し，保存すること．

③ 製造所等の構造及び設備に異常を発見した場合は，危険物保安監督者その他関係のある者に連絡するとともに状況を判断して適当な措置を講ずること．

④ 火災が発生したとき又は火災発生の危険性が著しいときは，危険物保安監督者と協力して，応急の措置を講ずること．

⑤ 製造所等の計測装置，制御装置，安全装置等の機能が適正に保持されるようにこれを保安管理すること．

⑥ 上記のほか，製造所等の構造及び設備の保安に関し必要な業務

⑸ 解任命令

特に定められていない．

1.11 予防規程

(1) 制定・変更

政令で定める製造所，貯蔵所又は取扱所の所有者，管理者又は占有者は，当該製造所，貯蔵所又は取扱所の火災を予防するための［**予防規程**］を定め，［**市町村長等**］の［**認可**］を受けなければならない．これを［**変更**］するときも，同様とする．（消防法第14条の2第1項）

Oneポイント アドバイス!!

予防規程の制定及び変更は，市町村長等の認可を受ける（許可ではないので注意）.

(2) 不認可

下記に該当する場合，市町村長等は認可をしてはならないと定められている．（消防法第14条の2第2項）

・予防規程が技術上の基準に適合していないとき

・予防規程が火災の予防のために適当でないと認めるとき

(3) 変更命令

［**市町村長等**］は，火災の予防のため必要があるときは，予防規程の［**変更**］を命ずることができる．（消防法第14条の2第3項）

(4) 予防規程が必要な製造所等

予防規程を定めなければならない製造所等は下表の通り．（政令第37条）

製造所等	取り扱う危険物
製造所	指定数量の倍数が［10］以上
屋内貯蔵所	指定数量の倍数が［150］以上
屋外タンク貯蔵所	指定数量の倍数が［200］以上
屋外貯蔵所	指定数量の倍数が［100］以上
給油取扱所	すべて
移送取扱所	すべて
一般取扱所	指定数量の倍数が［10］以上

ただし，下記の施設を除く．（規則第61条）

① 鉱山保安法による保安規程を定めている製造所等

② 火薬類取締法による危害予防規程を定めている製造所等

③ 自家用の給油取扱所のうち屋内給油取扱所以外のもの

⑸ 予防規程に定めなければならない事項

予防規程に定めなければならない事項は下表の通り．（規則第60条の2）

① 危険物の保安に関する業務を管理する者の職務及び組織に関すること．

② 危険物保安監督者が，旅行，疾病その他の事故によってその職務を行うことができない場合にその職務を代行する者に関すること．

③ 化学消防自動車の設置その他自衛の消防組織に関すること．

④ 危険物の保安に係る作業に従事する者に対する保安教育に関すること．

⑤ 危険物の保安のための巡視，点検及び検査に関すること（⑩に掲げるものを除く．）．

⑥ 危険物施設の運転又は操作に関すること．

⑦ 危険物の取扱い作業の基準に関すること．

⑧ 補修等の方法に関すること．

イ 施設の工事における火気の使用もしくは取扱いの管理又は危険物等の管理等安全管理に関すること．

ロ 製造所及び一般取扱所は，危険物の取扱工程又は設備等の変更に伴う危険要因の把握及び当該危険要因に対する対策に関すること．

ハ 顧客に自ら給油等をさせる給油取扱所は，顧客に対する監視その他保安のための措置に関すること．

⑨ 移送取扱所は，配管の工事現場の責任者の条件その他配管の工事現場における保安監督体制に関すること．

⑩ 移送取扱所は，配管の周囲において移送取扱所の施設の工事以外の工事を行う場合における当該配管の保安に関すること．

⑪　災害その他の非常の場合に取るべき措置に関すること．
　イ　地震が発生した場合及び地震に伴う津波が発生し，又は発生するおそれがある場合における施設及び設備に対する点検，応急措置等に関すること．
⑫　危険物の保安に関する記録に関すること．
⑬　製造所等の位置，構造及び設備を明示した書類及び図面の整備に関すること．
⑭　上記のほか，危険物の保安に関し必要な事項

1.12 保安検査

(1) 定期保安検査

政令で定める［**屋外タンク貯蔵所**］又は［**移送取扱所**］の所有者，管理者又は占有者は，政令で定める時期ごとに，当該屋外タンク貯蔵所又は移送取扱所に係る構造及び設備に関する事項が技術上の基準に従って維持されているかどうかについて，［**市町村長等**］が行う［**保安**］に関する検査を受けなければならない．（消防法第14条の３第１項）

なお，上記に該当する製造所等は下記の通り．（政令第８条の４）

製造所等	製造所等の設備	点検時期
屋外タンク貯蔵所	最大数量が10000 kL以上	8年に1回（原則）
移送取扱所	配管の延長が15 kmを超えるもの 配管に係る最大常用圧力が0.95 MPa以上で，配管の延長が7～15 kmの移送取扱所	1年に1回（原則）

(2) 臨時保安検査

政令で定める屋外タンク貯蔵所の所有者，管理者又は占有者は，当該屋外タンク貯蔵所について，不等沈下その他の政令で定める事由が生じた場合には，当該屋外タンク貯蔵所に係る構造及び設備に関する事項が技術上の基準に従って維持されているかどうかについて，［**市町村長等**］が行う［**保安**］に関する検査を受けなければならない．（消防法第14条の３第２項）

なお，上記に該当する製造所等は下記の通り．（政令第８条の２の３第３項）

製造所等	製造所等の設備
屋外タンク貯蔵所	最大数量が1000 kL以上

Oneポイント アドバイス!!

保安検査は，市町村長等が実施する．

1.13 定期点検

⑴ 定期点検の実施

政令で定める製造所，貯蔵所又は取扱所の所有者，管理者又は占有者は，これらの製造所，貯蔵所又は取扱所について，［**定期に点検**］し，その［**点検記録**］を作成し，これを［**保存**］しなければならない．（消防法第14条の３の２）

⑵ 定期点検が必要な製造所等

定期点検を実施しなければならない製造所等は下表の通り．（政令第８条の５）

製造所等	取り扱う危険物・製造所等の設備
製造所	［地下タンク］を有するもの 指定数量の倍数が［10］以上
屋内貯蔵所	指定数量の倍数が［150］以上
屋外タンク貯蔵所	指定数量の倍数が［200］以上
地下タンク貯蔵所	すべて
移動タンク貯蔵所	すべて
屋外貯蔵所	指定数量の倍数が［100］以上
給油取扱所	［地下タンク］を有するもの
移送取扱所	すべて
一般取扱所	［地下タンク］を有するもの 指定数量の倍数が［10］以上

ただし，下記の施設を除く．（規則第９条の２）

①　鉱山保安法の規定による保安規程を定めている製造所等

②　火薬類取締法の規定による危害予防規程（災害の発生を防止するため，保安確保のための組織や方法等を定めたもの）を定めている製造所等

⑶　点検者

定期点検を実施できる者は下記の通り．（規則第62条の６）

・危険物取扱者

・危険物施設保安員

・無資格者（甲種又は乙種危険物取扱者の立会いが必要）

Oneポイント アドバイス!!

危険物取扱者は甲種，乙種，丙種のいずれも可．

⑷　点検時期・記録の保存

時期：定期点検は［１］年に［１］回以上実施しなければならない（規則第62条の４）

保存：点検記録は［３］年間保存しなければならない（規則第62条の８）

⑸　点検記録の記載事項

点検記録には，次の事項を記載しなければならない．（規則第62条の７）

・点検をした製造所等の名称

・点検の方法及び結果

・点検年月日

・点検を行った危険物取扱者もしくは危険物施設保安員又は点検に立ち会った危険物取扱者の氏名

1.14 自衛消防組織

⑴ 組織の設置

同一事業所において政令で定める製造所，貯蔵所又は取扱所を所有し，管理し，又は占有する者で，政令で定める数量以上の危険物を貯蔵し，又は取り扱うものは，当該事業所に［**自衛消防組織**］（火災及び地震等の災害時の初期活動や応急対策を円滑に行い，建築物の利用者の安全を確保するために設置されるもの）を置かなければならない．（消防法第14条の4）

⑵ 設置が必要な事業所

自衛消防組織の設置が必要な事業所は下記の通り．（政令第38条）

事業所	取り扱う危険物
製造所 **一般取扱所**	指定数量の倍数が3000以上
移送取扱所	指定数量以上

⑶ 組織の編成

自衛消防組織は，次の表をもって編成しなければならない．（政令第38条の2）

事業所の区分（第4類危険物の最大数量）	人員数	化学消防車の台数
指定数量の倍数が12万未満	5人	1台
指定数量の倍数が12万以上24万未満	10人	2台
指定数量の倍数が24万以上48万未満	15人	3台
指定数量の倍数が48万以上	20人	4台

1.15 違反措置

⑴ 貯蔵・取扱いの基準遵守命令

［**市町村長等**］は，製造所等（移動タンク貯蔵所を除く）においてする危険物の貯蔵又は取扱いが規定に違反していると認めるときは，技術上

の基準に従って危険物を貯蔵し，又は取り扱うべきことを命ずることができる.（消防法第11条の5第１項）

［市町村長］（消防本部及び消防署を置く市町村以外の市町村の区域においては，当該区域を管轄する都道府県知事）は，その管轄する区域にある**［移動タンク貯蔵所］**について，技術上の基準に従って危険物を貯蔵し，又は取り扱うべきことを命ずることができる.（消防法第11条の5第２項）

⑵　位置・構造・設備の基準維持命令

製造所等の所有者，管理者又は占有者は，製造所等の位置，構造及び設備が技術上の基準に適合するように維持しなければならない.

［市町村長等］は，製造所等の位置，構造及び設備が技術上の基準に適合していないと認めるときは，技術上の基準に適合するように，これらを修理し，改造し，又は移転すべきことを命ずることができる.（消防法第12条第２項）

⑶　製造所等の緊急停止命令

［市町村長等］は，公共の安全の維持又は災害の発生の防止のため緊急の必要があると認めるときは，当該製造所等の使用を一時停止すべきことを命じ，又はその使用を制限することができる.（消防法第12条の3第１項）

⑷　危険物保安統括管理者・危険物保安管理者の解任命令

1.8　危険物保安統括管理者の⑸解任命令（P.23）及び1.9　危険物保安監督者の⑸解任命令（P.25）を参照.

⑸　予防規程の変更命令

1.11　予防規程の⑶変更命令（P.28）を参照.

⑹　応急措置命令

［市町村長等］は，製造所等（移動タンク貯蔵所を除く）が応急措置を

講じていないと認めるときは，応急措置を講ずべきことを命ずることができる．（消防法第16条の３第３項）

［市町村長］（消防本部及び消防署を置く市町村以外の市町村の区域においては，当該区域を管轄する都道府県知事）は，その管轄する区域にある**［移動タンク貯蔵所］**について，応急の措置を講ずべきことを命ずることができる．（消防法第16条の３第４項）

［市町村長等］は，応急の措置を命じた場合において，その措置を命ぜられた者がその措置を履行しないとき，履行しても十分でないとき，又は期限までに完了する見込みがないときは，**［消防職員］**又は**［第三者］**にその措置をとらせることができる．（消防法第16条の３第５項）

⑺　未承認・無許可に対する措置命令

市町村長等は，仮貯蔵や仮取扱いの**［承認］**又は設置又は変更の**［許可］**を受けないで指定数量以上の危険物を貯蔵し，又は取り扱っている者に対して，当該貯蔵又は取扱いに係る危険物の除去その他危険物による災害防止のための必要な措置をとるべきことを命ずることができる．（消防法第16条の６第１項）

One ポイント アドバイス!!

製造所等の所有者等が法令を遵守していないとき，市町村長等は措置命令を行うことができる．

1.16　許可の取り消しと使用停止命令

⑴　許可の取り消し・使用停止命令

［市町村長等］は，製造所等の所有者，管理者又は占有者が次の１つに該当するときは，当該製造所等について，**［許可を取り消し］**，又は期間を定めてその**［使用の停止］**を命ずることができる．（消防法第12条の２第１項）

① ［**許可**］を受けないで，製造所，貯蔵所又は取扱所の位置，構造又は設備を［**変更**］したとき．（消防法第11条第１項の違反）

② ［**完成検査**］を受けずに使用又は［**完成検査済証**］の交付前に使用したとき，もしくは仮使用の［**承認**］を受けずに使用したとき．（消防法第11条第５項の違反）

③ 位置，構造，設備に関する［**修理**］，［**改造**］，［**転移**］命令に従わないとき．（消防法第12条第２項の違反）

④ 政令で定める屋外タンク貯蔵所又は移送取扱所に係る構造及び設備について，［**保安検査**］を受けないとき．（消防法第14条の３第1，２項の違反）

⑤ 政令で定める製造所，貯蔵所又は取扱所について，［**定期点検**］していないとき，又は［**点検記録**］を［**作成**］，［**保存**］していないとき．（消防法第14条の３の２の違反）

⑵ 使用停止命令

［**市町村長等**］は，製造所等の所有者，管理者又は占有者が次の１つに該当するときは，当該製造所等について，期間を定めてその［**使用の停止**］を命ずることができる．（消防法第12条の２第１項）

① 危険物の貯蔵又は取扱いの基準遵守命令に違反したとき．（移動タンク貯蔵所については，市町村長の管轄区域において，その命令に違反したとき）（消防法第11条の５第1，２項の違反）

② ［**危険物保安統括管理者**］を定めていないとき，又はその者に保安に関する業務を統括管理させていないとき．（消防法第12条の７第１項の違反）

③ ［**危険物保安監督者**］を定めていないとき，又はその者に保安の監督をさせていないとき．（消防法第13条第１項の違反）

④ 危険物保安統括管理者又は危険物保安監督者の［**解任**］の命令に違反したとき．（消防法第13条の24の違反）

One ポイント アドバイス!!

各項目の法令義務についても再確認する.

1.17 立入検査

⑴ 立入検査

［市町村長等］は，危険物の貯蔵又は取扱いに伴う火災の防止のため必要があると認めるときは，指定数量以上の危険物を貯蔵し，もしくは取り扱っていると認められるすべての場所（貯蔵所等）の所有者，管理者もしくは占有者に対して資料の提出を命じ，もしくは報告を求め，又は消防職員に貯蔵所等に立ち入り，これらの場所の位置，構造もしくは設備及び危険物の貯蔵もしくは取扱いについて検査させ，関係者に質問させ，もしくは必要な最小限度の数量に限り危険物もしくは危険物であることの疑いのある物を収去させることができる.（消防法第16条の5第１項）

⑵ 走行中の移動タンク貯蔵所の停止

［消防吏員］又は**［警察官］**は，危険物の移送に伴う火災の防止のため特に必要があると認める場合には，走行中の**［移動タンク貯蔵所］**を停止させ，乗車している危険物取扱者に対し，**［危険物取扱者免状］**の提示を求めることができる.（消防法第16条の5第２項）

One ポイント アドバイス!!

移動タンク貯蔵所による危険物の移送時には，危険物取扱者の同乗と危険物取扱者免状の携帯が必要.

1.18 事故発生時の措置

⑴ 応急措置

製造所等の所有者，管理者又は占有者は，危険物の流出その他の事故が発生したときは，直ちに，引き続く危険物の［**流出**］及び［**拡散**］の防止，流出した危険物の［**除去**］その他災害の発生の防止のための［**応急の措置**］を講じなければならない.（消防法第16条の３第１項）

⑵ 応急措置命令

1.15　違反措置の⑹　応急措置命令（P.34, 35）を参照.

⑶ 通報義務

事故を発見した者は，直ちに，その旨を消防署，市町村長の指定した場所，警察署又は海上警備救難機関に通報しなければならない.（消防法第16条の３第２項）

⑷ 事故調査

市町村長等は，製造所等において発生した危険物の流出その他の事故（火災を除く）であって火災が発生するおそれのあったものについて，当該事故の原因を調査することができる.（消防法第16条の３の２）

One ポイントアドバイス!!

事故が発生したときは，通報と応急措置.

第2章 製造所等の位置，構造及び設備の基準

2.1 製造所の基準

(1) 製造所の定義

危険物を製造するため，1日において指定数量以上の危険物を取り扱う建築物，その他の工作物及び場所，これらに附属する設備の一体であって，市町村長等の許可を受けたもの.

(2) 保安距離

(i) 保安距離とは

延焼防止や避難等を目的として，保安対象物（建築物）と製造所等の間に定めた一定の距離を［**保安距離**］という．すなわち，製造所等で火災や爆発が起こった際，保安対象物に影響を及ぼさないよう，一定の距離を確保しなければならない.

(ii) 保安対象物と保安距離

製造所の位置は，次に掲げる建築物等（［**保安対象物**］）から当該製造所の外壁又はこれに相当する工作物の外側までの間に，それぞれ当該建築物等について定める距離（［**保安距離**］）を保つこと．(政令第9条第1項)

保安対象物	保安距離
① 住居用に供するもの（製造所と同一の敷地内にあるものを除く）	［10］m以上
② 学校，病院，劇場，その他多数の人を収容する施設	［30］m以上
③ 重要文化財，重要有形民俗文化財，史跡，重要美術品等として指定・認定された建造物	［50］m以上
④ 高圧ガス，その他災害を発生させる恐れのある物を貯蔵又は取り扱う施設	［20］m以上
⑤ 使用電圧が7000 Vを超え35000 V以下の特別高圧架空電線	水平距離［3］m以上
⑥ 使用電圧が35000 Vを超える特別高圧架空電線	水平距離［5］m以上

※ただし，①から③までに掲げる建築物等について，不燃材料で造った防火上有効な塀を設けること等により，市町村長等が安全であると認めた場合は，当該市町村長等が定めた距離を当該距離とすることができる.

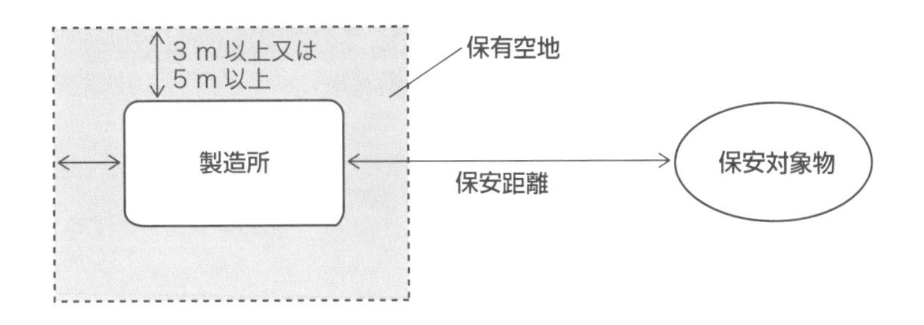

(iii)　保安距離が必要な製造所等

保安距離を必要とする製造所等は以下の通り．

・製造所
・屋内貯蔵所
・屋外タンク貯蔵所
・屋外貯蔵所
・一般取扱所

Oneポイントアドバイス!!

保安距離は製造所等の区分に関係なく，すべて同じ．

(3)　保有空地

(i)　保有空地とは

消火活動や延焼防止目的として，製造所等の周辺に設けなければならない空地を［**保有空地**］という．

(ii)　保有空地の幅

製造所の周囲には，次の表に掲げる空地（［**保有空地**］）を確保すること．ただし，防火上有効な隔壁を設けたときは，この限りでない．(政令第９条第１項第２号)

指定数量の倍数	空地の幅
10以下	［３］m以上
10を超える	［５］m以上

(iii)　製造所等

保有空地を必要とする製造所等は以下の通り．

・製造所
・屋内貯蔵所
・屋外タンク貯蔵所
・屋外貯蔵所
・一般取扱所
・簡易タンク貯蔵所（屋外設置）
・移送取扱所（地上設置）

One ポイント アドバイス!!

保有空地の幅は製造所等の区分や取り扱う危険物の量（指定数量の倍数）によって異なる．

One ポイント アドバイス!!

保有空地を必要とする製造所等は，保安距離を必要とする製造所等＋２つ（簡易タンク貯蔵所と移送取扱所）．

(4)　構造

地階	地階を有しない
材料	壁，柱，床，はり及び階段を不燃材料で造るとともに，延焼のおそれのある外壁を出入口以外の開口部を有しない耐火構造の壁とする
屋根	屋根は不燃材料で造るとともに，金属板，その他の軽量な不燃材料でふく ただし，第2類危険物（粉状のもの及び引火性固体を除く）のみを取り扱う製造所は，屋根を耐火構造とすることができる
窓 出入口	窓又は出入口にガラスを用いる場合は，網入ガラスとする
床	液状の危険物を取り扱う製造所の床は，危険物が **［浸透］** しない構造とするとともに，適当な **［傾斜］** を付ける

（政令第９条第１項）

⑸ 設備

標識 掲示板	見やすい箇所に製造所である旨を表示した標識及び防火に関し必要な事項を掲示した掲示板を設ける
防火設備	窓及び出入口には，防火設備を設けるとともに，延焼のおそれのある外壁に設ける出入口には，随時開けることができる自動閉鎖の特定防火設備を設ける
貯留設備	液状の危険物を取り扱う製造所の床は，漏れた危険物を一時的に貯留する設備（**[貯留設備]**）を設ける
採光・照明， 換気	危険物を取り扱うために必要な採光，照明及び換気の設備を設ける
排出設備	可燃性の蒸気又は可燃性の微粉が滞留するおそれのある製造所には，その蒸気又は微粉を屋外の高所に排出する設備を設ける
流出防止	屋外に設けた液状の危険物を取り扱う設備には，その直下の地盤面の周囲に高さ0.15 m以上の囲いを設け，又は危険物の流出防止にこれと同等以上の効果があると認められる措置を講ずるとともに，当該地盤面は，コンクリート，その他危険物が浸透しない材料で覆い，かつ，適当な傾斜及び貯留設備を設ける（第4類危険物（非水溶性）を取り扱う設備は，当該危険物が直接排水溝に流入しないようにするため，貯留設備に油分離装置を設けなければならない）
飛散防止	機械器具，その他の設備は，危険物のもれ，あふれ又は飛散を防止することができる構造とする（ただし，当該設備に危険物のもれ，あふれ又は飛散による災害を防止するための附帯設備を設けたときは，この限りでない）
温度測定	危険物を加熱し，もしくは冷却する設備又は危険物の取扱に伴って温度の変化が起こる設備には，温度測定装置を設ける
加熱・乾燥	危険物を加熱し，又は乾燥する設備は，直火を用いない構造とする（ただし，当該設備が防火上安全な場所に設けられているとき，又は当該設備に火災を防止するための附帯設備を設けたときは，この限りでない）
圧力計	危険物を加圧する設備又はその取り扱う危険物の圧力が上昇するおそれのある設備には，圧力計及び安全装置を設ける
電気設備	電気設備は電気工作物に係る法令の規定によって設置し，可燃性ガスが滞留する恐れのある場所に設置する機器は **[防爆構造]** とする
静電気除去	危険物を取り扱うにあたって静電気が発生するおそれのある設備には，当該設備に蓄積される静電気を有効に除去する装置を設ける
避雷設備	指定数量の倍数が10以上の製造所には，**[避雷設備]** を設ける（ただし，周囲の状況によって安全上支障がない場合においては，この限りでない）
タンク	タンクの設置場所によって，屋外タンク貯蔵所，屋内タンク貯蔵所，地下タンク貯蔵所の基準に合わせて設置する

配管	1. 十分な強度を有し，かつ，当該配管に係る最大常用圧力の1.5倍以上の圧力で水圧試験を行ったとき，漏えいその他の異常がないものとする 2. 取り扱う危険物により容易に劣化するおそれのないものとする 3. 火災等による熱によって容易に変形するおそれのないものとする 4. 外面の腐食を防止するための措置を講ずる 5. 配管を地下に設置する場合には，配管の接合部分について当該接合部分からの危険物の漏えいを点検することができる措置を講ずる 6. 配管に加熱又は保温のための設備を設ける場合には，火災予防上安全な構造とする
その他	電動機及び危険物を取り扱う設備のポンプ，弁，接手等は，火災の予防上支障のない位置に取り付ける

（政令第９条第１項）

⑹　標識

幅［0.3］m以上，長さ［0.6］m以上の［白色］の板に［黒色］の文字で，「製造所等」の名称を記載する．

（規則第17条第１項）

⑺　掲示板

幅［0.3］m以上，長さ［0.6］m以上の［白色］の板に［黒色］の文字で，危険物の類，品名，貯蔵最大数量又は取扱最大数量，指定数量の倍数並びに［危険物保安監督者］の氏名又は職名を記載する．

その他，貯蔵又は取り扱う危険物に応じ，下表の掲示板を設ける．

（規則第18条第１項）

掲示板の文字等	危険物の種別	危険物の品名
禁水 （青色の板に白色の文字）	第1類	アルカリ金属の酸化物
	第2類	鉄粉，金属粉，マグネシウム
	第3類	禁水性物品（ナトリウム，カリウム，アルキルアルミニウム，アルキルリチウム等）
火気注意 （赤色の板に白色の文字）	第2類	引火性固体を除くすべてのもの
火気厳禁 （赤色の板に白色の文字）	第2類	引火性固体
	第3類	自然発火性物品（アルキルアルミニウム，アルキルリチウム，黄りん等）
	第4類	すべて
	第5類	すべて

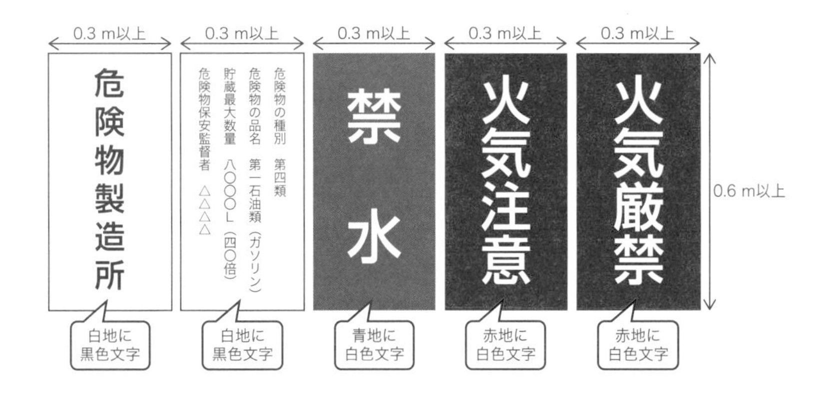

One ポイント アドバイス!!

掲示板の大きさは，幅0.3 m以上，長さ0.6 m以上．
この標識及び掲示板の基準は移動タンク貯蔵所以外の製造所等で同じ．

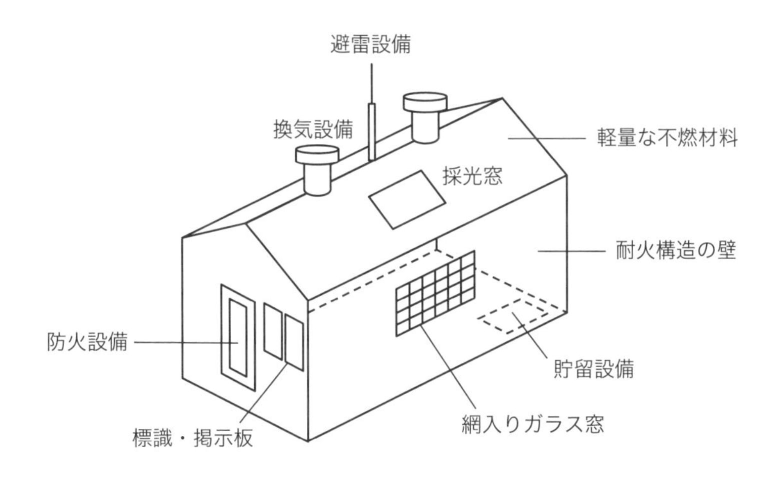

2.2 貯蔵所の定義と区分

(1) 貯蔵所の定義

指定数量以上の危険物を貯蔵又は取り扱う建築物，タンクその他の工作物及び場所，これらに附属する設備の一体であって，市町村長等の許可を受けたもの．

(2) 貯蔵所の区分

屋内貯蔵所	屋内の場所において危険物を貯蔵又は取り扱う貯蔵所
屋外タンク貯蔵所	屋外にあるタンクにおいて危険物を貯蔵又は取り扱う貯蔵所
屋内タンク貯蔵所	屋内にあるタンクにおいて危険物を貯蔵又は取り扱う貯蔵所
地下タンク貯蔵所	地盤面下に埋没されているタンクにおいて危険物を貯蔵又は取り扱う貯蔵所
簡易タンク貯蔵所	簡易タンクにおいて危険物を貯蔵又は取り扱う貯蔵所
移動タンク貯蔵所	車両（被牽引自動車は前車軸を有しないものであって，当該被牽引自動車及びその積載量の相当部分が牽引自動車によって支えられる構造のものに限る）に固定されたタンクにおいて危険物を貯蔵又は取り扱う貯蔵所
屋外貯蔵所	屋外の場所において危険物を貯蔵又は取り扱う貯蔵所

2.3 屋内貯蔵所の基準

⑴ 保安距離

製造所の保安距離と同じ．（政令第10条第１項）（P.39を参照）

⑵ 保有空地

屋内貯蔵所の周囲には，次の表に掲げる［**保有空地**］を確保すること．ただし，２以上の屋内貯蔵所を隣接して設置するときは，規則（第14条）で定めるところにより，その空地の幅を減ずることができる．（政令第10条第１項）

指定数量の倍数	空地の幅	
	壁，柱，床が耐火構造	左欄以外の構造の場合
5以下		0.5 m以上
5を超え　10以下	1 m以上	1.5 m以上
10を超え　20以下	2 m以上	3 m以上
20を超え　50以下	3 m以上	5 m以上
50を超え200以下	5 m以上	10 m以上
200を超える	10 m以上	15 m以上

⑶ 構造

建築物	貯蔵倉庫は，独立した専用の建築物とする
軒高	地盤面から軒までの高さ（軒高）が6 m未満の［平家建］とし，その床を［地盤面］以上に設ける ただし，第2類又は第4類危険物のみの貯蔵倉庫で，規則（第16条）で定めるものは，その軒高を20 m未満とすることができる
床面積	1つの貯蔵倉庫の床面積は，［1000］m^2を超えない
材料	壁，柱及び床を耐火構造とし，かつ，はりを不燃材料で造るとともに，延焼の恐れのある外壁を出入口以外の開口部を有しない壁とする（例外あり）
屋根・天井	屋根を不燃材料で造るとともに，金属板その他の軽量な不燃材料でふき，かつ，天井を設けない（例外あり）
窓 出入口	窓又は出入口にガラスを用いる場合は，網入ガラスとする
床	第1類危険物のうちアルカリ金属の過酸化物もしくはこれを含有するもの，第2類危険物のうち鉄粉，金属粉もしくはマグネシウムもしくはこれらのいずれかを含有するもの，第3類危険物のうち禁水性物品又は第4類危険物の貯蔵倉庫の床は，床面に水が浸入し，又は浸透しない構造とする 液状の危険物の貯蔵倉庫の床は，危険物が浸透しない構造とするとともに，適当な傾斜を付ける

（政令第 10 条第 1 項）

⑷ 設備

標識 掲示板	見やすい箇所に屋内貯蔵所である旨を表示した標識及び防火に関し必要な事項を掲示した掲示板を設ける
防火設備	窓及び出入口には，防火設備を設けるとともに，延焼のおそれのある外壁に設ける出入口には，随時開けることができる自動閉鎖の特定防火設備を設ける
採光・照明，換気	危険物を貯蔵し，又は取り扱うために必要な採光，照明及び換気の設備を設けるとともに，引火点が70 ℃未満の危険物の貯蔵倉庫は，内部に滞留した可燃性の蒸気を［屋根上］に排出する設備を設ける
電気設備	製造所の基準と同じ
避雷設備	製造所の基準と同じ

（政令第 10 条第 1 項）

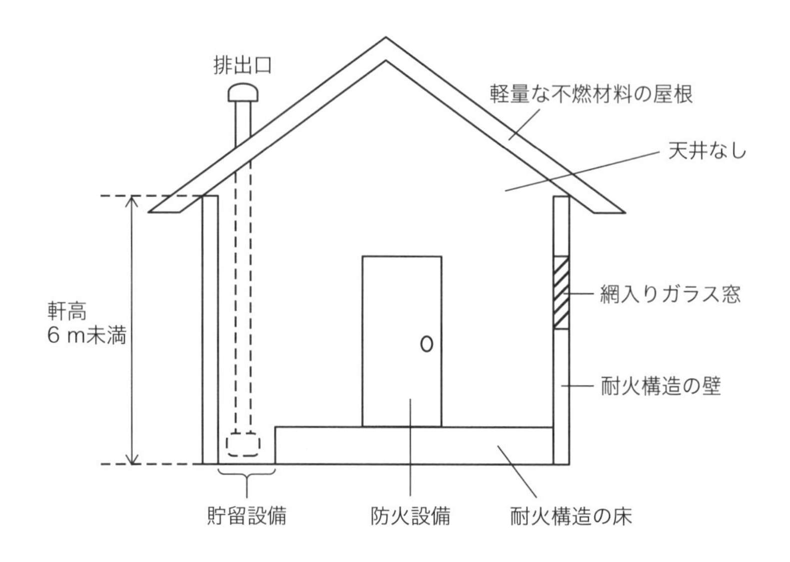

Oneポイント アドバイス!!

天井を設けないのは，火災によって爆発が起こったとき，爆風が屋根方向に抜けるようにするためである．ただし，屋根は風雨を防ぐために必要である．

2.4 屋外タンク貯蔵所

⑴ 保安距離

製造所の保安距離と同じ．（政令第11条第１項）（P.39を参照）

⑵ 敷地内距離

屋外タンク貯蔵所の位置は，保安距離のほかに，敷地の境界線からタンクの側板までの間に下表に定める距離（**［敷地内距離］**）を保つこと．（政令第11条第１項第１号の２）

危険物の引火点	区　分	
	第1種又は第2種事業所に存する屋外貯蔵タンク（1000 kL以上）の敷地内距離	左欄以外の敷地内距離
21 ℃未満	タンクの最大直径（⌀）に1.8を乗じた数値（⌀×1.8），タンクの高さ（h）又は50 mのうち，最も大きい数値以上	タンクの最大直径（⌀）に1.8を乗じた数値（⌀×1.8）又はタンクの高さ（h）のうち，大きい数値以上
21 ℃以上，70 ℃未満	タンクの最大直径（⌀）に1.6を乗じた数値（⌀×1.6），タンクの高さ（h）又は40 mのうち，最も大きい数値以上	タンクの最大直径（⌀）に1.6を乗じた数値（⌀×1.6）又はタンクの高さ（h）のうち，大きい数値以上
70 ℃以上	タンクの最大直径（⌀），タンクの高さ（h）又は30 mのうち，最も大きい数値以上	タンクの最大直径（⌀）又はタンクの高さ（h）のうち，大きい数値以上

※第１種又は第２種事業所：石油コンビナート等災害防止法で定義

Oneポイント アドバイス!!

敷地内距離は保安距離及び保有空地とは別に定められたものであり，敷地内距離が定められているのは屋外タンク貯蔵所のみである．

⑶　保有空地

屋外貯蔵タンク（危険物を移送するための配管，その他これに準ずる工作物を除く）の周囲には，次の表に掲げる［**保有空地**］を確保すること．ただし，２以上の屋外タンク貯蔵所を隣接して設置するときは，規則（第15条）で定めるところにより，その空地の幅を減ずることができる．（政令第11条第１項）

指定数量の倍数	空地の幅
500以下	3 m以上
500を超え1000以下	5 m以上
1000を超え2000以下	9 m以上
2000を超え3000以下	12 m以上
3000を超え4000以下	15 m以上
4000を超える	タンクの最大直径（⌀），タンクの高さ（h）又は15 mのうち，最も大きい数値以上

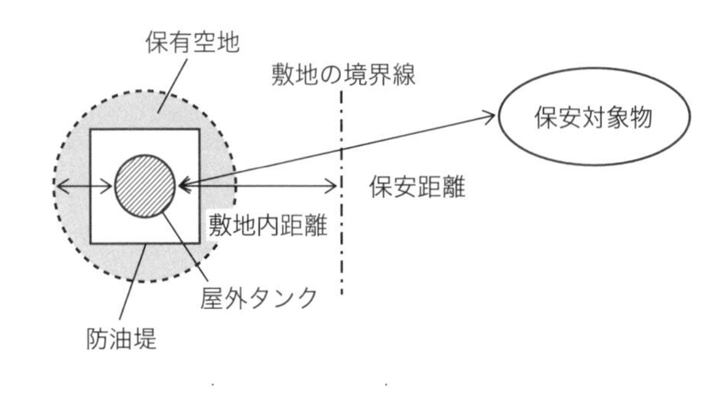
保有空地
敷地の境界線
保安対象物
保安距離
敷地内距離
屋外タンク
防油堤

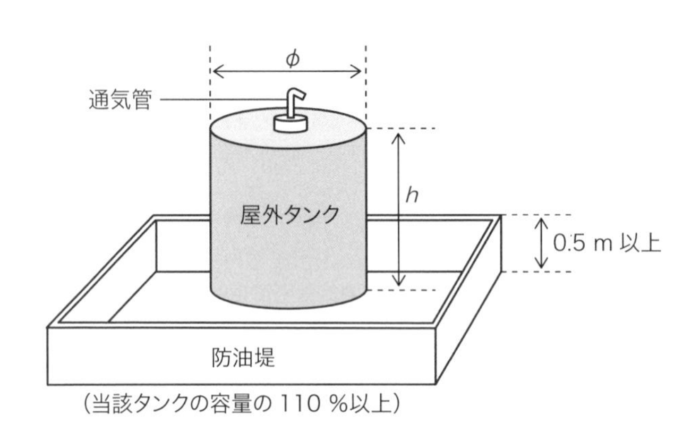
φ
通気管
h
屋外タンク
0.5 m 以上
防油堤
(当該タンクの容量の 110 %以上)

(3) 構造

タンクの材質	屋外貯蔵タンク（特定屋外貯蔵タンク及び準特定屋外貯蔵タンク以外）は，厚さ3.2 mm以上の鋼板で気密に造るとともに，圧力タンクを除くタンクは水張試験において，圧力タンクは最大常用圧力の1.5倍の圧力で十分間行う水圧試験において，それぞれ漏れ，又は変形しないもの ただし，固体の危険物の屋外貯蔵タンクは，この限りでない
支柱等	地震及び風圧に耐えることができる構造とするとともに，その支柱は，鉄筋コンクリート造，鉄骨コンクリート造，その他これらと同等以上の耐火性能を有するもの
圧力調節	危険物の爆発等によりタンク内の圧力が異常に上昇した場合に内部のガス又は蒸気を上部に放出することができる構造とする
塗装	さび止めのための塗装をする
注入口	火災の予防上支障のない場所に設ける 注入ホース又は注入管と結合することができ，かつ，危険物が漏れないもの 弁又はふたを設ける
弁	鋳鋼又はこれと同等以上の機械的性質を有する材料で造り，かつ，危険物が漏れないもの
水抜き管	タンクの側板に設ける

（政令第11条第1項）

※特定屋外貯蔵タンク　：危険物（液体）の最大数量が1000 kL以上
　準特定屋外貯蔵タンク：危険物（液体）の最大数量が500 kL以上1000 kL未満

(4) 設備

標識 掲示板	見やすい箇所に屋外タンク貯蔵所である旨を表示した標識及び防火に関し必要な事項を掲示した掲示板を設ける
通気管 安全装置	圧力タンク以外のタンクには【**通気管**】を設ける 圧力タンクには【**安全装置**】を設ける
危険物量の表示	液体の危険物の屋外貯蔵タンクには，危険物の量を自動的に表示する装置を設ける
ポンプ設備	周囲に3 m以上の幅の空地を保有する（ただし，防火上有効な隔壁を設ける場合は，この限りでない） ポンプ設備から屋外貯蔵タンクまでの間に，当該屋外貯蔵タンクの空地の幅の1/3以上の距離を保つ 堅固な基礎の上に固定する
配管	製造所の基準と同じ
電気設備	製造所の基準と同じ
避雷設備	製造所の基準と同じ
防油堤	液体の危険物の屋外貯蔵タンクの周囲には，危険物が漏れた場合にその流出を防止するための防油堤を設ける

（政令第11条第1項）

⑷-1　通気管

第４類危険物の屋外貯蔵タンクのうち，圧力タンク以外のタンクに設ける通気管は，無弁通気管又は大気弁付通気管とし，その構造は次のとおりとする．（規則第20条第１項）

(ⅰ)　無弁通気管

①　直径は30 mm以上

②　先端は水平より下に45°以上曲げ，[**雨水**] の浸入を防ぐ構造とする

③　細目の銅網等による引火防止装置を設ける（例外あり）

(ⅱ)　大気弁付通気管

①　5 kPa以下の圧力差で作動できるもの

②　無弁通気管の③の基準に適合するもの

⑷-2　防油堤

液体の危険物（二硫化炭素を除く）の屋外貯蔵タンクの周囲には，[**防油堤**] を設けなければならない．（規則第22条）

①　屋外貯蔵タンクの周囲に設ける防油堤の容量は，当該タンクの容量の [**110 %**] 以上とし，２つ以上のタンクを有する場合は，その容量が最大であるタンクの容量の [**110 %**] 以上とする．

②　防油堤の高さは，[**0.5 m**] 以上とする．

③　防油堤内の面積は，80000 m^2 以下とする．

④　防油堤内に設置する屋外貯蔵タンクの数は，10以下とする．（例外あり）

⑤　防油堤は，周囲が構内道路に接するように設けなければならない．

⑥　防油堤は，[**鉄筋コンクリート**] 又は [**土**] で造り，かつ，その中に収納された危険物が当該防油堤の外に流出しない構造とする．

⑦　防油堤には，その内部の滞水を外部に排水するための [**水抜口**] を設けるとともに，これを開閉する弁等を防油堤の外部に設ける．

⑧　高さが１ mを超える防油堤等には，おおむね [**30 m**] ごとに堤内に出入りするための階段を設置し，又は土砂の盛上げ等を行う．

Oneポイント アドバイス!!

防油提が必要なのは，屋外タンク貯蔵所のみである．

⑸　掲示板

引火点が21 ℃未満の危険物の屋外貯蔵タンクの注入口及びポンプ設備には，見やすい箇所に屋外貯蔵タンクの注入口又はポンプ設備である旨及び防火に関し必要な事項を掲示した掲示板を設ける．ただし，市町村長等が火災の予防上当該掲示板を設ける必要がないと認める場合は，この限りでない．

掲示板には，幅0.3 m以上，長さ0.6 m以上の白色の板に黒色の文字で「屋外貯蔵タンク注入口」又は「屋外貯蔵タンクポンプ設備」と表示するほか，取り扱う危険物の類別，品名及び注意事項（禁水，火気注意，火気厳禁）を表示する．（注意事項は赤色の文字）

（政令第11条第1項第10号，10号の2，規則第18条第2項）

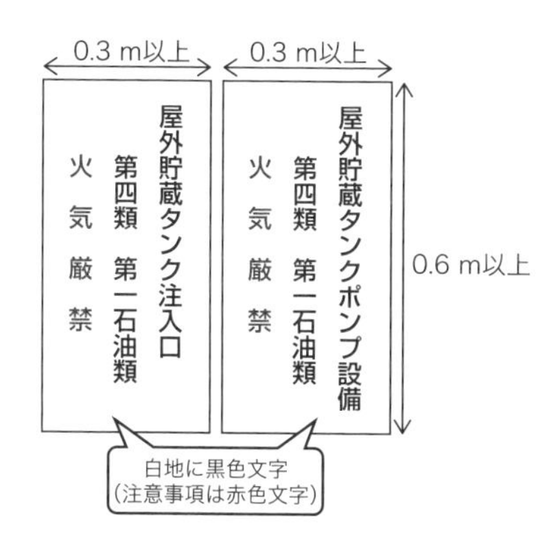

2.5　屋内タンク貯蔵所

⑴　保安距離及び保有空地

屋内タンク貯蔵所については，法令で規制されていない．

⑵ 構造

建築物	平家建の建築物に設けられたタンク専用室に設置する
タンク間の距離	屋内貯蔵タンクとタンク専用室の壁との間及び同一のタンク専用室内に屋内貯蔵タンクを2つ以上設置する場合におけるそれらのタンクの相互間に，0.5 m以上の間隔を保つ
タンク容量	指定数量の【40倍】以下（第4石油類及び動植物油類以外の第4類危険物は，20000 L以下）とする 同一のタンク専用室に屋内貯蔵タンクを2つ以上設置する場合における容量の総計についても，同様とする
タンク構造	屋内貯蔵タンクの構造は屋外貯蔵タンクの構造と同じとする
注入口，弁，水抜き管	屋外タンク貯蔵所の基準と同じ
タンク専用室	壁，柱及び床を耐火構造とし，かつ，はりを不燃材料で造るとともに，延焼のおそれのある外壁を出入口以外の開口部を有しない壁とする．（例外あり） 屋根を不燃材料で造り，かつ，天井を設けない 窓又は出入口にガラスを用いる場合は，網入ガラスとする 液状の危険物のタンク専用室の床は，危険物が浸透しない構造とするとともに，適当な傾斜を付け，貯留設備を設ける 出入口のしきいの高さは，床面から【0.2 m】以上とする

（政令第 12 条第 1 項）

⑶ 設備

標識 掲示板	見やすい箇所に屋内タンク貯蔵所である旨を表示した標識及び防火に関し，必要な事項を掲示した掲示板を設ける
通気管 安全装置	圧力タンク以外のタンクには通気管を設ける 圧力タンクには安全装置を設ける
危険物量の表示	液体の危険物の屋外貯蔵タンクには，危険物の量を自動的に表示する装置を設ける
ポンプ設備	タンク専用室の存する建築物以外の場所に設けるポンプ設備は屋外貯蔵タンクの基準と同じ タンク専用室の存する建築物に設けるポンプ設備は規則（第22条の5）で定めるところにより設ける
配管	製造所の基準と同じ
タンク専用室	窓及び出入口には，防火設備を設けるとともに，延焼のおそれのある外壁に設ける出入口には，随時開けることができる自動閉鎖の特定防火設備を設ける 採光，照明，換気及び排出の設備は，屋外タンク貯蔵所の基準と同じ
電気設備	製造所の基準と同じ

（政令第 12 条第 1 項）

⑶-1　通気管

第４類危険物の屋内貯蔵タンクのうち，圧力タンク以外のタンクに設ける通気管は，無弁通気管とし，その位置及び構造は，次のとおりとする．（規則第20条第２項）

① 先端は屋外にあって地上［４ｍ］以上の高さとし，かつ，建築物の窓，出入口等の開口部から［１ｍ］以上離す．

② 引火点が40 ℃未満の危険物のタンクに設ける通気管は，敷地境界線から1.5 m以上離す先端は水平より下に45°以上曲げ，雨水の浸入を防ぐ構造とする．（高引火点危険物のみを100 ℃未満の温度で貯蔵し，又は取り扱うタンクに設ける通気管は，先端をタンク専用室内とすることができる）

③ 通気管は，滞油するおそれがある屈曲をさせない．

④ その他，屋外タンク貯蔵所の基準と同じ．

⑷　掲示板

引火点が21 ℃未満の危険物の屋内貯蔵タンクの注入口及びポンプ設備には，屋外貯蔵タンクと同様の掲示板を設ける．
（政令第12条第１項第９号，９号の２，規則第18条第２項）

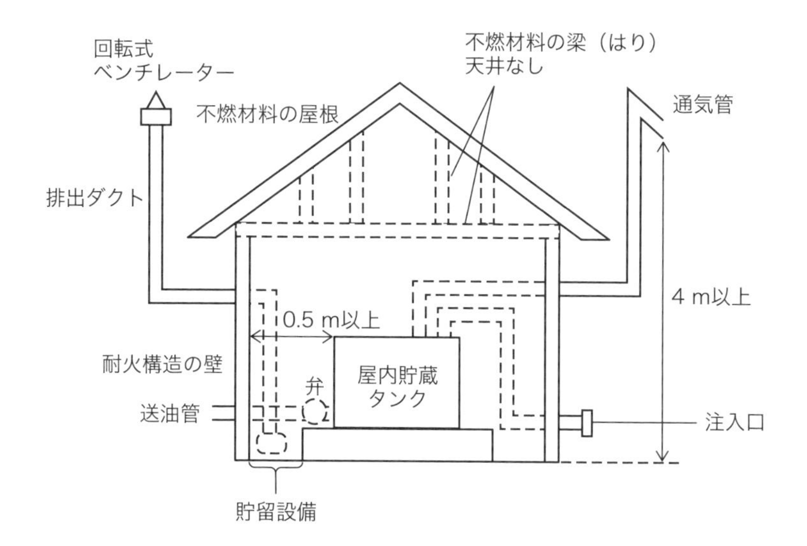

2.6 地下タンク貯蔵所

(1) 保安距離及び保有空地

地下タンク貯蔵所については，法令で規制されていない．

(2) 地下貯蔵タンクの分類

タンクの設置方法	タンクの種類	タンクの材質
タンク室に設置	二重殻タンク	鋼製，鋼製強化プラスチック製，強化プラスチック製
	二重殻タンク以外	鋼製
地盤面下に直接埋設	二重殻タンク	鋼製，鋼製強化プラスチック製，強化プラスチック製
コンクリートで被覆して地盤面下に埋設		

(3) 構造

タンクの設置	地下貯蔵タンクは，地盤面下に設けられたタンク室に設置する 地下貯蔵タンクとタンク室の内側との間は【0.1 m】以上とし，タンクの周囲に乾燥砂をつめる 地下貯蔵タンクの頂部は，【0.6 m】以上地盤面から下とする 地下貯蔵タンクを2以上隣接して設置する場合は，その相互間に1 m（タンク容量の総和が指定数量の100倍以下であるときは，0.5 m）以上の間隔を保つ
タンク	地下貯蔵タンクは，厚さ3.2 mm以上の鋼板又はこれと同等以上の機械的性質を有する材料で気密に造るとともに，圧力タンクを除くタンクは70 kPaの圧力で，圧力タンクは最大常用圧力の1.5倍の圧力で，それぞれ10分間行う水圧試験において，漏れ，又は変形しないもの
注入口	屋外に設けることとするほか，屋外貯蔵タンクの注入口の基準と同じ
配管	タンクの頂部に取り付ける

（政令第 13 条第 1 項）

⑷　設備

標識 **掲示板**	見やすい箇所に地下タンク貯蔵所である旨を表示した標識及び防火に関し必要な事項を掲示した掲示板を設ける
通気管 **安全装置**	圧力タンクには［**安全装置**］を設ける 圧力タンク以外のタンクには［**通気管**］をタンクの頂部に設ける 通気管はタンクの頂部に取り付け，その先端は屋外にあって，地上4 m以上の高さとする
危険物量の表示	液体の危険物の地下貯蔵タンクには，危険物の量を自動的に表示する装置を設ける
ポンプ設備	ポンプ及び電動機を地下貯蔵タンク外に設ける場合は屋外貯蔵タンクの基準と同じ ポンプ又は電動機を地下貯蔵タンク内に設ける場合は規則（第24条の2）で定めるところにより設ける
配管	製造所の基準と同じ
電気設備	製造所の基準と同じ
漏洩検知	地下貯蔵タンク又はその周囲には，液体の危険物の漏れを検知する設備を［**4箇所**］以上に設ける

（政令第 13 条第 1 項）

⑸　掲示板

引火点が21 ℃未満の危険物の地下貯蔵タンクの注入口及びポンプ設備には，屋外貯蔵タンクと同様の掲示板を設ける.

（政令第13条第１項第9号，9号の2，規則第18条第2項）

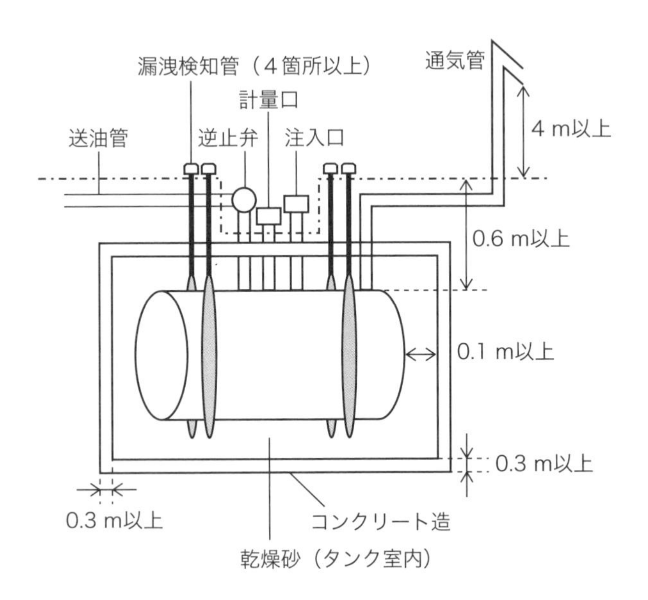

2.7 簡易タンク貯蔵所

⑴ 保安距離

簡易タンク貯蔵所については，法令で規制されていない．

⑵ 保有空地

屋外に設置する場合は，簡易タンクの周囲に［１］m以上の幅の空地を確保すること．（政令第14条第４号）

Oneポイント アドバイス!!

簡易タンク貯蔵所の保有空地が必要になるのは，「屋外に設置する場合」のみであるが，政令で定める専用室内に設置する場合を除き，通常は屋外に設置しなければならない．

(3) 構造

タンク数	簡易貯蔵タンクは3基以内とし，同一品質の危険物のタンクは2基以上設置しない
タンク設置	簡易貯蔵タンクは，容易に移動しないように地盤面，架台等に固定する
	専用室内に設置する場合は当該タンクと専用室の壁との間に0.5 m以上の間隔を保つ
タンク容量	簡易貯蔵タンクの容量は【600 L】以下とする
タンク強度	簡易貯蔵タンクは，厚さ3.2 mm以上の鋼板で気密に造るとともに，70 kPaの圧力で10分間行う水圧試験において，漏れ，又は変形しないもの
タンク外面	簡易貯蔵タンクの外面には，さび止めのための塗装をする

（政令第 14 条）

(4) 設備

標識 **掲示板**	見やすい箇所に簡易タンク貯蔵所である旨を表示した標識及び防火に関し必要な事項を掲示した掲示板を設ける
通気管	簡易貯蔵タンクには【**通気管**】を設ける
給油・注油設備	給油又は注油のための設備を設ける場合は，給油取扱所の固定給油設備又は固定注油設備の基準と同じ

（政令第 14 条）

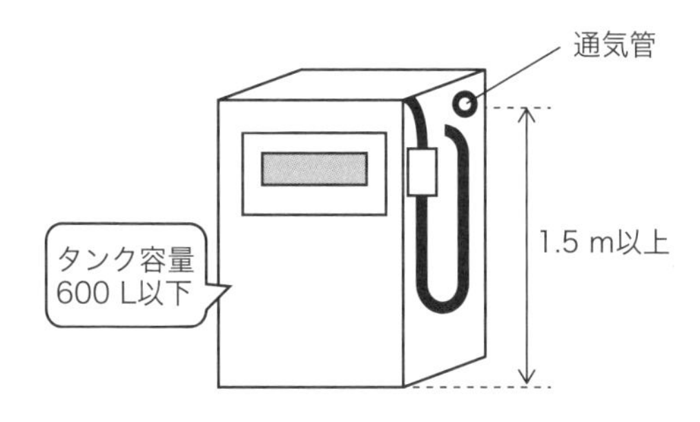

2.8 移動タンク貯蔵所

(1) 保安距離及び保有空地

移動タンク貯蔵所については，法令で規制されていない．

ただし，車両を常置する場合は以下の場所とする．

屋　外：防火上安全な場所

屋　内：壁，床，はり及び屋根を耐火構造とし，もしくは不燃材料で造った建築物の１階

(2) 構造

タンク強度	移動貯蔵タンクは，厚さ3.2 m以上の鋼板又はこれと同等以上の機械的性質を有する材料で気密に造るとともに，圧力タンクを除くタンクは70 kPaの圧力で，圧力タンクは最大常用圧力の1.5倍の圧力で，それぞれ10分間行う水圧試験において，漏れ，又は変形しないもの
タンク容量 **間仕切板** **防波板**	移動貯蔵タンク容量は【**30000 L**】以下とし，かつ，その内部に【**4000 L**】以下ごとに完全な【**間仕切**】を厚さ3.2 mm以上の鋼板又はこれと同等以上の機械的性質を有する材料で設ける 間仕切により仕切られた部分には，マンホール及び安全装置を設ける 容量が【**2000 L**】以上のタンク室には【**防波板**】を設ける（規則第24条の2の9）
側面枠 **防護枠**	附属装置がその上部に突出している移動貯蔵タンクには，側面枠又は【**防護枠**】を設ける（規則第24条の3）
タンク外面	移動貯蔵タンクの外面には，さび止めのための塗装をする

（政令第 15 条第 1 項）

(3) 設備

排出口	移動貯蔵タンクの下部に排出口を設ける場合は，当該タンクの排出口に底弁を設けるとともに，非常の場合に直ちに当該底弁を閉鎖することができる手動閉鎖装置及び自動閉鎖装置を設ける
配管	移動貯蔵タンクの配管は，先端部に弁等を設ける
電気設備	可燃性の蒸気が滞留するおそれのある場所に設ける電気設備は，可燃性の蒸気に引火しない構造とする
接地導線	ガソリン，ベンゼンその他静電気による災害が発生するおそれのある液体の危険物の移動貯蔵タンクには，接地導線を設ける
注入ホース	液体の危険物の移動貯蔵タンクには，危険物を貯蔵し，又は取り扱うタンクの注入口と結合できる結合金具を備えた注入ホースを設ける
標識 **掲示板**	移動貯蔵タンクには，当該タンクが貯蔵し，又は取り扱う危険物の類，品名及び最大数量を表示する設備を見やすい箇所に設けるとともに，規則（第17条第2項）で定める標識を掲げる

（政令第 15 条第 1 項）

⑷　標識

0.3 m平方以上0.4 m平方以下（幅0.3～0.4 m×長さ0.3～0.4 m）の［**黒色**］の板に［**黄色**］の文字で「［**危**］」と表示したものを，車両の［**前後**］の見やすい箇所に掲げなければならない．（規則第17条第２項）

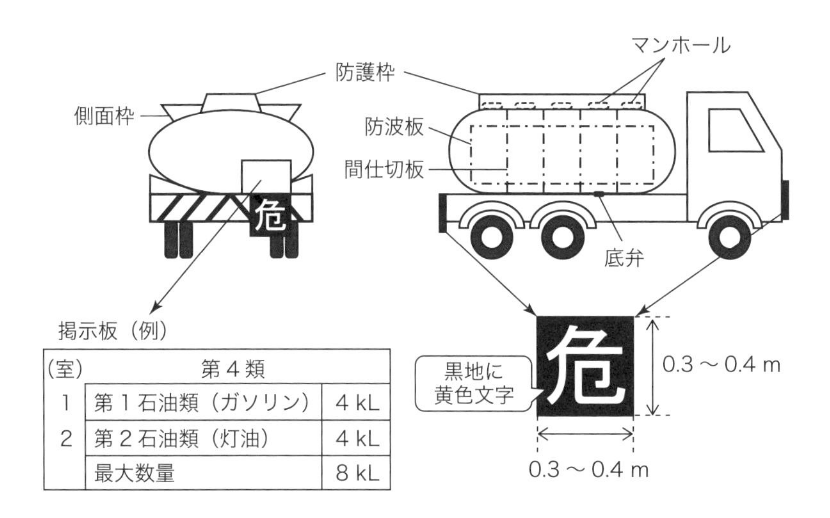

（室）	第４類	
1	第１石油類（ガソリン）	4 kL
2	第２石油類（灯油）	4 kL
	最大数量	8 kL

2.9　屋外貯蔵所

⑴　保安距離

製造所の保安距離と同じ．（政令第16条第１項）（P.39を参照）

⑵　保有空地

危険物を貯蔵し，又は取り扱う場所の周囲には，さく等を設けて明確に区画するとともに，さく等の周囲には，次の表に掲げる区分に応じそれぞれ同表に定める幅の［**保有空地**］を確保すること．（政令第16条第１項第３号，第４号）

指定数量の倍数	空地の幅
10以下	3 m以上
10を超え　20以下	6 m以上
20を超え　50以下	10 m以上
50を超え200以下	20 m以上
200を超える	30 m以上

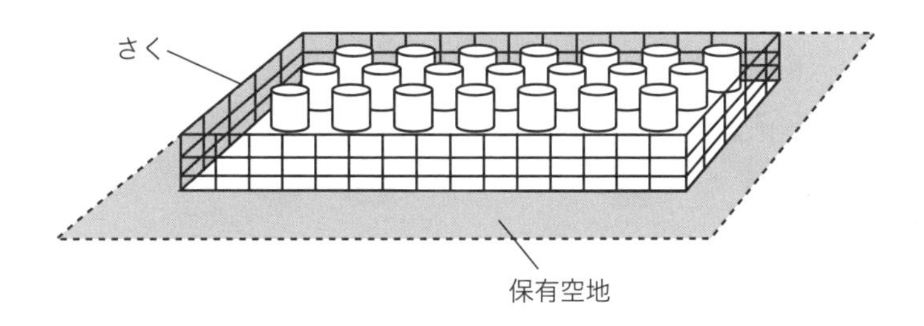

⑶　貯蔵及び取り扱うことができる危険物

第2類危険物	硫黄 硫黄のみを含有するもの 引火性固体（引火点が0 ℃以上のもの）
第4類危険物	第1石油類（引火点が0 ℃以上のもの） アルコール類 第2石油類 第3石油類 第4石油類 動植物油類

（政令第２条第７項）

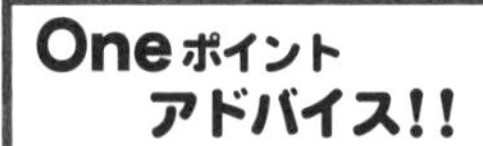

ガソリン（第４類）は，屋外貯蔵所で貯蔵及び取り扱うことができない．

⑷　構造及び設備

設置	湿潤でなく，かつ，排水のよい場所に設置する
標識 掲示板	屋外貯蔵所には，見やすい箇所に屋外貯蔵所である旨を表示した標識及び防火に関し必要な事項を掲示した掲示板を設ける
架台	架台は不燃材料で造るとともに，堅固な地盤面に固定し，高さは6 m未満とする（規則第24条の10）

（政令第 16 条第 1 項）

2.10　取扱所の定義と区分

⑴　取扱所の定義

危険物の製造以外の目的で，１日において指定数量以上の危険物を取り扱う建築物，その他の工作物及び場所，これらに附属する設備の一体であって，市町村長等の許可を受けたもの．

⑵　取扱所の区分

給油取扱所	固定した給油設備によって自動車等の燃料タンクに直接給油するため危険物を取り扱う施設
販売取扱所	店舗において容器入りのままで販売するため危険物を取り扱う施設
第1種販売取扱所 第2種販売取扱所	指定数量の倍数が15以下 指定数量の倍数が15を超え40以下
移送取扱所	配管及びポンプ並びにこれらに属する設備によって危険物を移送するための危険物を取り扱う施設
一般取扱所	給油取扱所，販売取扱所，移送取扱所以外で危険物を取り扱う施設

2.11 給油取扱所（屋内給油取扱所以外）

⑴　保安距離及び保有空地

給油取扱所については，法令で規制されていない．

⑵　給油空地及び注油空地

固定給油設備（ポンプ機器及びホース機器からなる固定された給油設備）のうちホース機器の周囲（懸垂式設備はホース機器の下方）には，自動車等に直接給油し，及び給油を受ける自動車等が出入りするための［**給油空地**］（間口10 m以上，奥行6 m以上）を確保すること．

灯油もしくは軽油を容器に詰め替え，又は車両に固定された容量4000 L以下のタンクに注入するための固定注油設備（ポンプ機器及びホース機器からなるもの）を設ける場合，そのホース機器の周囲（懸垂式設備はホース機器の下方）には，詰め替え又は注入するための［**注油空地**］を給油空地以外の場所に確保すること．

給油空地及び注油空地は，漏れた危険物が浸透しないための舗装をする．また，漏れた危険物及び可燃性の蒸気が滞留せず，かつ，当該危険物その他の液体が当該給油空地及び注油空地以外の部分に流出しないような措置を講ずる．

（政令第17条第１項第１～５号）

⑶　構造及び設備

標識 掲示板	見やすい箇所に給油取扱所である旨を表示した標識及び防火に関し，必要な事項を掲示した掲示板を設ける
タンク	固定給油設備もしくは固定注油設備に接続する［**専用タンク**］又は容量10000 L以下の［**廃油タンク**］等を地盤面下に埋没して設けることができる（その他の危険物を取り扱うタンクは不可） ただし，防火地域及び準防火地域以外の地域においては，地盤面上に固定給油設備に接続する容量600 L以下の［**簡易タンク**］を，その取り扱う同一品質の危険物ごとに1個ずつ3個まで設けることができる
	専用タンク又は廃油タンク等の位置，構造及び設備は，地下タンク貯蔵所の地下貯蔵タンクの基準に準ずる 簡易タンクの位置，構造及び設備は，簡易タンク貯蔵所の簡易貯蔵タンクの基準に準ずる
配管	固定給油設備又は固定注油設備に危険物を注入するための配管は，接続する専用タンク又は簡易タンクからの配管のみとする
ホース	固定給油設備及び固定注油設備は，火災予防上安全な構造とするとともに，先端に弁を設けた全長5 m以下の給油ホース又は注油ホース及びこれらの先端に蓄積される静電気を有効に除去する装置を設ける
表示	固定給油設備及び固定注油設備には，見やすい箇所（給油ホース等の直近の位置）に防火に関し必要な事項（取り扱う危険物の品目）を表示する （規則第25条の3）
塀・壁	給油取扱所の周囲には，自動車等の出入りする側を除き，高さ2 m以上の耐火構造のもの又は不燃材料で造られた塀又は壁を設ける
ポンプ室等	床は，危険物が浸透しない構造とするとともに，漏れた危険物及び可燃性の蒸気が滞留しないように適当な傾斜を付け，かつ，［**貯留設備**］を設ける 危険物を取り扱うために必要な採光，照明及び換気の設備を設ける 可燃性の蒸気が滞留するおそれのある場合は，その蒸気を屋外に排出する設備を設ける

（政令第 17 条第 1 項第 6 ～ 11，19 ～ 20 号）

⑷　掲示板

幅0.3 m以上，長さ0.6 m以上の［**黄赤色**］の板に［**黒色**］の文字で，「給油中エンジン停止」と表示した掲示板を設ける．（規則第18条第１項第６号）

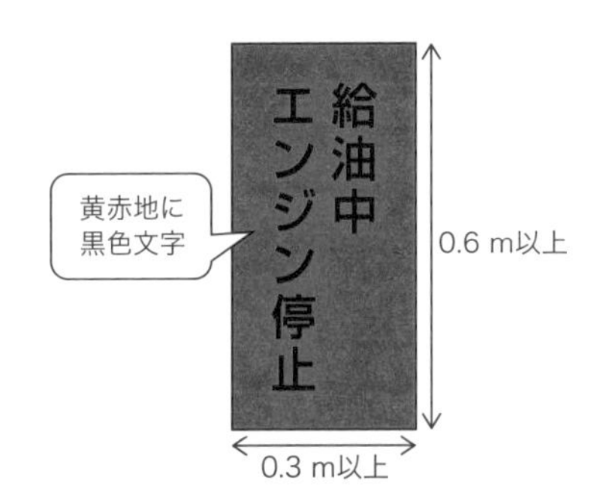

⑸　固定給油設備又は固定注油設備と道路境界線等との間隔

固定給油設備又は固定注油設備は，道路境界線等から一定の間隔を保つこと．

<table>
<tr><th colspan="3">固定給油設備・固定注油設備</th><th colspan="3">各境界線からの間隔</th></tr>
<tr><th colspan="2">区　分</th><th>最大ホース全長</th><th>道路境界線</th><th>敷地境界線</th><th>建物の壁</th></tr>
<tr><td rowspan="4">固定給油</td><td>懸垂式</td><td></td><td>4 m以上</td><td rowspan="4">2 m以上</td><td rowspan="8">2 m以上
（建築物の壁に開口部がない場合は1 m以上）</td></tr>
<tr><td rowspan="3">その他</td><td>3 m以下</td><td>4 m以上</td></tr>
<tr><td>3 mを超え
4 m以下</td><td>5 m以上</td></tr>
<tr><td>4 mを超え
5 m以下</td><td>6 m以上</td></tr>
<tr><td rowspan="4">固定注油</td><td>懸垂式</td><td></td><td>4 m以上</td><td rowspan="4">1 m以上</td></tr>
<tr><td rowspan="3">その他</td><td>3 m以下</td><td>4 m以上</td></tr>
<tr><td>3 mを超え
4 m以下</td><td>5 m以上</td></tr>
<tr><td>4 mを超え
5 m以下</td><td>6 m以上</td></tr>
</table>

（政令第 17 条第 1 項第 12 ～ 13 号）

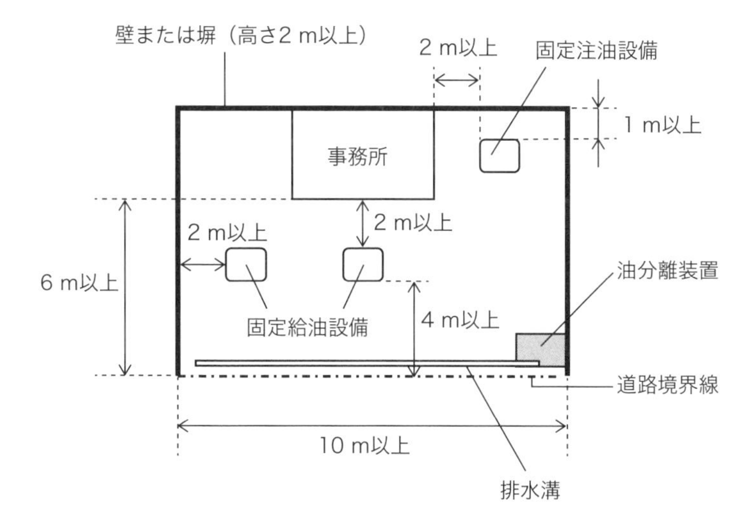

⑹　給油取扱所に設置できる建築物の用途

給油取扱所には，給油又はこれに附帯する業務のための用途に供する建築物以外の建築物その他の工作物を設けないこと．（政令第17条第１項第16号）

設置できる建築物の用途は以下の通り．（規則第25条の４第１項）

①　給油又は灯油もしくは軽油の詰替えのための［**作業場**］
②　給油取扱所の業務を行うための［**事務所**］
③　給油取扱所に出入する者を対象とした［**店舗**］，［**飲食店**］又は［**展示場**］
④　自動車等の点検・整備を行う［**作業場**］
⑤　自動車等の洗浄を行う［**作業場**］
⑥　給油取扱所の所有者等が居住する［**住居**］又はこれらの者に係る他の給油取扱所の業務を行うための［**事務所**］

上記の建築物は，壁，柱，床，はり及び屋根を耐火構造とし，又は不燃材料で造るとともに，窓及び出入口に防火設備を設ける．また，事務

所その他火気を使用するものは，漏れた可燃性の蒸気がその内部に流入しない構造とする．（政令第17条第1項第17～18号）

2.12 給油取扱所（屋内給油取扱所）

⑴ 定義

屋内給油取扱所とは，給油取扱所のうち建築物内に設置するものその他これに類するもので，上屋（キャノピー）等の面積が，給油取扱所の敷地面積から建築物（事務所等）の１階の床面積を除いた面積の1/3を超えるものをいう．

⑵ 保安距離及び保有空地

給油取扱所については，法令で規制されていない．

⑶ 構造及び設備

設置	屋内給油取扱所は，壁，柱，床及びはりが耐火構造で，病院や福祉施設等を有しない建築物に設置する
専用タンク	専用タンクには，危険物の過剰な注入を自動的に防止する設備を設ける
壁・床・屋根等	建築物の屋内給油取扱所の用に供する部分は，壁，柱，床，はり及び屋根を耐火構造とするとともに，開口部のない耐火構造の床又は壁で他の部分と区画する ただし，上階がない場合には，屋根を不燃材料で造ることができる
出入口	建築物の屋内給油取扱所の用に供する部分の窓及び出入口には，防火設備を設ける 事務所等の窓又は出入口にガラスを用いる場合は，網入りガラスとする
1階の壁	建築物の屋内給油取扱所の用に供する部分の1階の二方については，自動車等の出入する側又は通風及び避難のための空地に面するとともに，壁を設けない
禁止事項	建築物の屋内給油取扱所の用に供する部分については，可燃性の蒸気が滞留するおそれのある穴，くぼみ等を設けない
上階	建築物の屋内給油取扱所の上部に上階がある場合は，危険物の漏えいの拡大及び上階への延焼を防止するための措置を講ずる

（政令第 18 条第 2 項）

Oneポイント アドバイス!!

給油取扱所は，上屋の面積によって屋内給油取扱所と屋外給油取扱所に区分されるが，いずれも保安距離及び保有空地の規制はない．

固定給油設備及び固定注油設備には，上からぶらさがる懸垂式と地上に固定する懸垂式以外（その他）がある．

2.13 販売取扱所

(1) 保安距離及び保有空地

販売取扱所については，法令で規制されていない．

(2) 構造及び設備（第１種及び第２種販売取扱所共通）

設置	建築物の1階に設置する
標識 掲示板	見やすい箇所に第1種又は第2種販売取扱所である旨を表示した標識及び防火に関し必要な事項を掲示した掲示板を設ける
出入口	出入口にガラスを用いる場合は，網入ガラスとする
配合室	①　床面積は6 m^2以上10 m^2以下とする ②　壁で区画する ③　床は危険物が浸透しない構造とするとともに，適当な傾斜を付け，かつ，貯留設備を設ける ④　出入口には，随時開けることができる自動閉鎖の特定防火設備を設ける ⑤　出入口のしきいの高さは，床面から0.1 m以上とする ⑥　内部に滞留した可燃性の蒸気又は可燃性の微粉を屋根上に排出する設備を設ける

（政令第18条第１項）

(3) 構造及び設備（第１種販売取扱所）

壁	壁を準耐火構造とする
はり・天井	はりを不燃材料で造るとともに，天井を設ける場合は不燃材料で造る
窓・出入口	窓及び出入口には，防火設備を設ける

（政令第18条第１項）

⑷　構造及び設備（第２種販売取扱所）

壁・柱・床 はり・天井	壁，柱，床及びはりを耐火構造とするとともに，天井を設ける場合は不燃材料で造る
窓・出入口	延焼の恐れのない部分に限り，窓を設けることができる 窓及び出入口には，防火設備を設ける

（政令第 18 条第 2 項）

Oneポイント アドバイス!!

第２種販売取扱所は，第１種販売取扱所と比べて，構造及び設備の基準が厳しい.

2.14　移送取扱所

⑴　保安距離及び保有空地

移送取扱所については，法令で規制されていない.

ただし，以下の場所に設置してはならない.（規則第28条の３）

①　震災時のための避難空地

②　鉄道及び道路の隧道（ずいどう）（トンネル）内

③　高速道路及び自動車専用道路の車道，路肩及び中央帯並びに狭あいな道路

④　河川区域及び水路敷

⑤　利水上の水源である湖沼，貯水池等

また，地下に埋設する場合は，外面との距離を一定以上とする.（一部抜粋）

市街地の道路の路面下	外面と路面との距離は1.8 m以下としない
線路敷下	外面と地表面との距離は1.2 m以下としない

（規則第 28 条の 12 ～ 15 等）

⑵　構造及び設備

材料	配管等の材料は，規格に適合するものでなければならない
配管	配管等の構造は，移送される危険物の重量，配管等の内圧，配管等に対して安全なものでなければならない
伸縮吸収装置	配管の有害な伸縮が生じるおそれのある箇所には，伸縮を吸収する措置を講じなければならない
配管の接合	配管等の接合は，溶接によって行わなければならない
漏えい拡散防止装置	市街地並びに河川上，隧道（トンネル）上及び道路上等に配管を設置する場合は，漏えいした危険物の拡散を防止するための措置を講じなければならない
対流防止装置	配管を設置するために設ける隧道（人が立ち入る可能性のあるもの）には，可燃性の蒸気が滞留しないよう必要な措置を講じなければならない
感震装置等	配管の経路には，感震装置，強震計及び通報設備を設けなければならない
予備動力源	保安のための設備には，予備動力源を設置しなければならない
標識 掲示板	見やすい箇所に移送取扱所である旨を表示した標識及び防火に関し必要な事項を掲示した掲示板を設けなければならない
ポンプ等	ポンプ等を設置する場合は，一定の基準（規則第28条の47）に適合するものでなければならない

（規則第 28 条の 4 ～ 7，22 ～ 23，35 ～ 36，39，44，47）

⑶　特定移送取扱所

危険物を移送するための配管の延長が15 kmを超えるもの又は危険物を移送するための配管に係る最大常用圧力が0.95 MPa以上であって，かつ，危険物を移送するための配管の延長が7 km以上のものを特定移送取扱所という．（規則第28条の52）

2.15 一般取扱所

⑴ 保安距離

製造所の保安距離と同じ．（政令第19条第１項）（P.39を参照）

⑵ 構造及び設備

製造所の基準と同じ．（政令第19条第１項）（P.41～43を参照）

⑶ 基準の特例

次に掲げる一般取扱所については，基準の特例を定めることができる．

① 専ら吹付塗装作業等を行う一般取扱所
② 専ら洗浄作業を行う一般取扱所
③ 専ら焼入れ作業等を行う一般取扱所
④ 危険物を消費するボイラー等以外では危険物を取り扱わない一般取扱所
⑤ 専ら充塡作業を行う一般取扱所
⑥ 専ら詰替え作業を行う一般取扱所
⑦ 油圧装置等以外では危険物を取り扱わない一般取扱所
⑧ 切削装置等以外では危険物を取り扱わない一般取扱所
⑨ 熱媒体油循環装置以外では危険物を取り扱わない一般取扱所
⑩ 蓄電池設備以外では危険物を取り扱わない一般取扱所の特例

（規則第28条の55～60の4）

第3章 消火設備，警報設備及び避難設備の基準

3.1 消火設備の基準

(1) 消火設備の区分

消火設備は，政令（別表第5）において第1種消火設備から第5種消火設備に区分されている．

別表第5（危険物の規制に関する政令）

消火設備の区分		対象物の区分 建築物その他の工作物	電気設備	第1類危険物 アルカリ金属の過酸化物又はこれを含有するもの	第1類危険物 その他	第2類危険物 鉄粉，金属粉もしくはマグネシウム又はこれらのいずれかを含有するもの	第2類危険物 引火性固体	第2類危険物 その他	第3類危険物 禁水性物品	第3類危険物 その他	第4類危険物	第5類危険物	第6類危険物
第1種	屋内消火栓設備又は屋外消火栓設備	○			○		○	○		○		○	○
第2種	スプリンクラー設備	○			○		○	○		○		○	○
第3種	水蒸気消火設備又は水噴霧消火設備	○	○		○		○	○		○	○	○	○
第3種	泡消火設備	○			○		○	○		○	○	○	○
第3種	不活性ガス消火設備		○				○				○		
第3種	ハロゲン化物消火設備		○				○				○		
第3種	粉末消火設備 りん酸塩類等を使用するもの	○	○		○		○	○			○		○
第3種	粉末消火設備 炭酸水素塩類等を使用するもの		○	○		○	○		○		○		
第3種	粉末消火設備 その他			○		○			○				
第4種又は第5種	棒状の水を放射する消火器	○			○		○	○		○		○	○
第4種又は第5種	霧状の水を放射する消火器	○	○		○		○	○		○		○	○
第4種又は第5種	棒状の強化液を放射する消火器	○			○		○	○		○		○	○
第4種又は第5種	霧状の強化液を放射する消火器	○	○		○		○	○		○	○	○	○
第4種又は第5種	泡を放射する消火器	○			○		○	○		○	○	○	○
第4種又は第5種	二酸化炭素を放射する消火器		○				○				○		
第4種又は第5種	ハロゲン化物を放射する消火器		○				○				○		
第4種又は第5種	消火粉末を放射 りん酸塩類等を使用するもの	○	○		○		○	○			○		○
第4種又は第5種	消火粉末を放射 炭酸水素塩類等を使用するもの		○	○		○	○		○		○		
第4種又は第5種	消火粉末を放射 その他			○		○			○				
第5種	水バケツ又は水槽	○			○		○	○		○		○	○
第5種	乾燥砂			○	○	○	○	○	○	○	○	○	○
第5種	膨張ひる石又は膨張真珠岩			○	○	○	○	○	○	○	○	○	○

※○印は，対象物に対して各消火設備がそれぞれ適応するものであることを示す．

⑵　消火設備の設置

消火設備の技術上の基準は，次のとおりとする．

①　製造所，屋内貯蔵所，屋外タンク貯蔵所，屋内タンク貯蔵所，屋外貯蔵所，給油取扱所及び一般取扱所のうち，火災が発生したとき著しく消火が困難と認められるもの並びに移送取扱所は，その消火に適応するものとされる消火設備のうち，第１種，第２種又は第３種の消火設備並びに第４種及び第５種の消火設備を設置する．

②　製造所，屋内貯蔵所，屋外タンク貯蔵所，屋内タンク貯蔵所，屋外貯蔵所，給油取扱所，第２種販売取扱所及び一般取扱所のうち，火災が発生したとき消火が困難と認められるものは，その消火に適応するものとされる消火設備のうち，第４種及び第５種の消火設備を設置する．

③　②以外の製造所等は，その消火に適応するものとされる消火設備のうち，第５種の消火設備を設置する．

(政令第20条第１項，規則第35条)

・地下タンク貯蔵所…第５種の消火設備を２個以上

・移動タンク貯蔵所…自動車用消火器を２個以上（アルキルアルミニウム等を貯蔵し，又は取り扱う移動タンク貯蔵所は，これらのほか，乾燥砂及び膨張ひる石，又は膨張真珠岩を設ける）

区　分	消火設備
著しく消火が困難な製造所等 移送取扱所	（第1種，第2種，第3種）のいずれか1つ＋第4種＋第5種
消火が困難な製造所等	第4種＋第5種
それ以外の製造所等	第5種

3.2 警報設備の基準

⑴ 警報設備の区分

警報設備は，規則（第37条）において次のように区分されている．

① 自動火災報知設備
② 消防機関に報知ができる電話
③ 非常ベル装置
④ 拡声装置
⑤ 警鐘

⑵ 警報設備の設置

指定数量の倍数が［ 10 ］以上の製造所等（［ 移動タンク貯蔵所 ］以外）は，火災が発生した場合自動的に作動する火災報知設備その他の警報設備を設置しなければならない．（政令第21条）

<table>
<tr><th>製造所等の区分</th><th>貯蔵・取扱数量等</th><th>警報設備</th></tr>
<tr><td>製造所
一般取扱所</td><td>・延べ面積が500 m^2以上のもの
・指定数量の倍数が100以上のもので屋内にあるもの（高引火点危険物のみを100 ℃未満で取り扱うものを除く）
・一般取扱所の用に供する部分以外の部分を有する建築物に設けるもの（完全耐火区画のものを除く）</td><td rowspan="5">自動火災報知設備</td></tr>
<tr><td>屋内貯蔵所</td><td>・指定数量の倍数が100以上のもの（高引火点危険物のみを貯蔵し，又は取り扱うものを除く）
・貯蔵倉庫の延べ面積が150 m^2を超えるもの（150 m^2以内ごとに不燃区画のもの又は第2・4類危険物（引火性固体及び引火点が70 ℃未満の第4類を除く）は，延べ面積が500 m^2以上のもの）
・軒高が6 m以上の平家建のもの
・屋内貯蔵所の用に供する部分以外の部分を有する建築物に設けるもの（完全耐火区画のもの又は第2・4類危険物（引火性固体及び引火点が70 ℃未満の第4類を除く）を除く）</td></tr>
<tr><td>屋外タンク貯蔵所</td><td>・岩盤タンク</td></tr>
<tr><td>屋内タンク貯蔵所</td><td>・タンク専用室を平家建以外の建築物に設けるもの（液体の危険物（第6類又は高引火点危険物のみを100 ℃未満で取り扱うものを除く）で，液表面積が40 m^2以上，高さが6 m以上，引火点が40 ℃以上70 ℃未満のものを貯蔵するもの）（完全耐火区画のものを除く）</td></tr>
<tr><td>屋内給油取扱所</td><td>・一方開放のもの
・上部に上階を有するもの</td></tr>
<tr><td>上記以外の製造所等（自動火災報知設備を有しないもの）（移送取扱所を除く）</td><td>・指定数量の倍数が10以上のもの</td><td>次のうち1種類以上
・消防機関に報知ができる電話
・非常ベル装置
・拡声装置
・警鐘</td></tr>
</table>

（規則第 38 条第 1 項）

3.3 避難設備の基準

(1) 避難設備の設置

製造所等のうち，その規模，貯蔵し，又は取り扱う危険物の品名及び最大数量等により，火災が発生したとき避難が容易でないと認められるものは，避難設備を設置しなければならない．

製造所等の区分	貯蔵・取扱数量等	避難設備
給油取扱所	建築物の2階の部分を店舗，飲食店又は展示場の用途に供するもの又は屋内給油所のうち給油取扱所の敷地外に直接通ずる避難口が設けられた事務所等を有するもの	誘導灯（非常電源を附置）

（規則第 38 条の 2）

第4章　貯蔵及び取扱いの基準

4.1　貯蔵及び取扱いのすべてに共通する技術上の基準

①　許可もしくは届出に係る品名以外の危険物又はこれらの許可もしくは届出に係る数量もしくは指定数量の倍数を超える危険物を貯蔵し，又は取り扱わないこと．

②　みだりに火気を使用しないこと．

③　係員以外の者をみだりに出入させないこと．

④　常に整理及び清掃を行うとともに，みだりに空箱その他の不必要な物件を置かないこと．

⑤　貯留設備又は油分離装置にたまった危険物は，あふれないように随時くみ上げること．

⑤　危険物のくず，かす等は，1日に1回以上当該危険物の性質に応じて安全な場所で廃棄その他適当な処置をすること．

⑦　危険物を貯蔵し，又は取り扱う建築物その他の工作物又は設備は，当該危険物の性質に応じ，遮光又は換気を行うこと．

⑧　危険物は，温度計，湿度計，圧力計その他の計器を監視して，当該危険物の性質に応じた適正な温度，湿度又は圧力を保つように貯蔵し，又は取り扱うこと．

⑨　危険物を貯蔵し，又は取り扱う場合は，当該危険物が漏れ，あふれ，又は飛散しないように必要な措置を講ずること．

⑩　危険物を貯蔵し，又は取り扱う場合は，危険物の変質，異物の混入等により，当該危険物の危険性が増大しないように必要な措置を講ずること．

⑪　危険物が残存し，又は残存しているおそれがある設備，機械器具，容器等を修理する場合は，安全な場所において，危険物を完全に除去した後に行うこと．

⑫　危険物を容器に収納して貯蔵し，又は取り扱うときは，その容器は，当該危険物の性質に適応し，かつ，破損，腐食，裂目等がないものであること．

⑬　危険物を収納した容器を貯蔵し，又は取り扱う場合は，みだりに転倒させ，落下させ，衝撃を加え，又は引きずる等粗暴な行為をしないこと．

⑭　可燃性の液体，可燃性の蒸気もしくは可燃性のガスがもれ，もしくは滞留するおそれのある場所又は可燃性の微粉が著しく浮遊するおそれのある場所では，電線と電気器具とを完全に接続し，かつ，火花を発する機械器具，工具，履物等を使用しないこと．

⑮　危険物を保護液中に保存する場合は，当該危険物が保護液から露出しないようにすること．

(政令第24条)

4.2 危険物の類ごとに共通する技術上の基準

危険物の種別	危険物の品名	技術上の基準
第1類	すべて	可燃物との接触もしくは混合，分解を促す物品との接近又は過熱，衝撃もしくは摩擦を避ける
	アルカリ金属の過酸化物（これを含有するもの）	水との接触を避ける
第2類	すべて	酸化剤との接触もしくは混合，炎，火花もしくは高温体との接近又は過熱を避ける
	鉄粉，金属粉，マグネシウム（いずれかを含有するもの）	水又は酸との接触を避ける
	引火性固体	みだりに蒸気を発生させない
第3類	自然発火性物品	火花もしくは高温体との接近，過熱又は空気との接触を避ける
	禁水性物品	水との接触を避ける
第4類	すべて	炎，火花もしくは高温体との接近又は過熱を避けるとともに，みだりに蒸気を発生させない
第5類	すべて	炎，火花もしくは高温体との接近，過熱，衝撃又は摩擦を避ける
第6類	すべて	可燃物との接触もしくは混合，分解を促す物品との接近又は過熱を避ける

(政令第25条)

4.3 貯蔵の技術上の基準

① 貯蔵所においては，危険物以外の物品を貯蔵しないこと．ただし，屋内貯蔵所又は屋外貯蔵所において規則（第38条の４）に定める危険物と危険物以外の物品とをそれぞれを取りまとめて貯蔵し，かつ，相互に１ｍ以上の間隔を置く場合を除く．

② 類を異にする危険物は，同一の貯蔵所（耐火構造の隔壁で完全に区分された室が２以上ある貯蔵所においては，同一の室）において貯蔵しないこと．ただし，屋内貯蔵所又は屋外貯蔵所において下記の危険物を類ごとに取りまとめて貯蔵し，かつ，相互に１ｍ以上の間隔を置く場合を除く．

- 第１類危険物（アルカリ金属の過酸化物又はその含有物を除く）と第５類危険物
- 第１類危険物と第６類危険物
- 第２類危険物と自然発火性物品（黄りん又はその含有物に限る）
- 第２類危険物のうち引火性固体と第４類危険物
- アルキルアルミニウム等と第４類危険物のうちアルキルアルミニウム又はアルキルリチウムのいずれかの含有物
- 第４類危険物のうち有機過酸化物又はその含有物と第５類危険物のうち有機過酸化物又はその含有物

③ 第３類危険物のうち黄りん，その他水中に貯蔵する物品と禁水性物品とは，同一の貯蔵所において貯蔵しないこと．

④ 屋内貯蔵所において危険物は，規則（第39条の３）に定める容器に収納して貯蔵すること．ただし，規則第40条に定める危険物については，この限りでない．

⑤ 屋内貯蔵所において，同一品名の自然発火するおそれのある危険物又は災害が著しく増大するおそれのある危険物を多量貯蔵するときは，指定数量の10倍以下ごとに区分し，かつ，0.3ｍ以上の間隔を置いて貯蔵すること．

⑥ 屋内貯蔵所及び屋外貯蔵所においては，高さが３ｍ（第４類危険物のうち第３石油類，第４石油類及び動植物油類は４ｍ）を超えないこと．

⑦　屋内貯蔵所において，容器に収納して貯蔵する危険物の温度が55 ℃を超えないように必要な措置を講ずること．

⑧　屋外貯蔵タンク，屋内貯蔵タンク，地下貯蔵タンク又は簡易貯蔵タンクの計量口は，計量するとき以外は閉鎖しておくこと．

⑨　屋外貯蔵タンク，屋内貯蔵タンク又は地下貯蔵タンクの元弁及び注入口の弁又はふたは，危険物を入れ，又は出すとき以外は，閉鎖しておくこと．

⑩　屋外貯蔵タンクの周囲に防油堤がある場合は，その水抜口を通常は閉鎖しておくとともに，当該防油堤の内部に滞油し，又は滞水した場合は，遅滞なくこれを排出すること．

⑪　移動貯蔵タンクには，当該タンクが貯蔵し，又は取り扱う危険物の類，品名及び最大数量を表示すること．

⑫　移動貯蔵タンク及びその安全装置並びにその他の附属の配管は，さけめ，結合不良，極端な変形，注入ホースの切損等による漏れが起こらないようにするとともに，当該タンクの底弁は，使用時以外は完全に閉鎖しておくこと．

⑬　被けん引自動車に固定された移動貯蔵タンクに危険物を貯蔵するときは，当該被けん引自動車にけん引自動車を結合しておくこと．ただし，被けん引自動車を車両（鉄道上又は軌道上の車両）に積み込み，又は車両から取り卸す場合は，この限りでない．

⑭　積載式移動タンク貯蔵所以外の移動タンク貯蔵所は，危険物を貯蔵した状態で移動貯蔵タンクの積替えを行わないこと．

⑮　移動タンク貯蔵所には，完成検査済証，点検記録，譲渡又は引渡の届出，危険物の品名，数量又は指定数量の倍数の変更の届出を備え付けること．

⑯　アルキルアルミニウム等を貯蔵し，又は取り扱う移動タンク貯蔵所には，緊急時における連絡先その他応急措置に関し必要な事項を記載した書類及び防護服，ゴム手袋，弁等の締付け工具及び携帯用拡声器を備え付けておくこと．

⑰　屋外貯蔵所において，危険物は容器に収納して貯蔵すること．

⑱　屋外貯蔵所において危険物を収納した容器を架台で貯蔵する場合には，高さが６ｍを超えないこと．

⑲　屋外貯蔵所のうち塊状の硫黄等のみを地盤面に設けた囲いの内側で貯蔵する場合は，硫黄等を囲いの高さ以下に貯蔵するとともに，硫黄等があふれ，又は飛散しないように囲い全体を難燃性又は不燃性のシートで覆い，当該シートを囲いに固着しておくこと．

（政令第26条）

4.4 取扱いの技術上の基準（作業ごとの基準）

Ⅰ．製造

①　蒸留工程においては，危険物を取り扱う設備の内部圧力の変動等により，液体，蒸気又はガスが漏れないようにすること．

②　抽出工程においては，抽出罐の内圧が異常に上昇しないようにすること．

③　乾燥工程においては，危険物の温度が局部的に上昇しない方法で加熱し，又は乾燥すること．

④　粉砕工程においては，危険物の粉末が著しく浮遊し，又は危険物の粉末が著しく機械器具等に附着している状態で当該機械器具等を取り扱わないこと．

（政令第27条第２項）

Ⅱ．詰め替え

①　危険物を容器に詰め替える場合は，規則（第39条の３）に定めるように収納すること．

②　危険物を詰め替える場合は，防火上安全な場所で行うこと．

（政令第27条第３項）

Ⅲ．消費

①　吹付塗装作業は，防火上有効な隔壁等で区画された安全な場所で行うこと．

② 焼入れ作業は，危険物が危険な温度に達しないようにして行うこと．

③ 染色又は洗浄の作業は，可燃性の蒸気の換気をよくして行うとともに，廃液をみだりに放置しないで安全に処置すること．

④ バーナーを使用する場合においては，バーナーの逆火を防ぎ，かつ，危険物があふれないようにすること．

(政令第27条第４項)

Ⅳ．廃棄

① 焼却する場合は，安全な場所で，かつ，燃焼又は爆発によって他に危害又は損害を及ぼすおそれのない方法で行うとともに，見張人を付けること．

② 埋没する場合は，危険物の性質に応じ，安全な場所で行うこと．

③ 危険物は，海中又は水中に流出させ，又は投下しないこと．

(政令第27条第５項)

4.5 取扱いの技術上の基準（製造所等の区分ごとの基準）

Ⅰ．給油取扱所

① 自動車等に給油するときは，固定給油設備を使用して直接給油すること．

② 自動車等に給油するときは，自動車等の原動機を停止させること．

③ 自動車等の一部又は全部が給油空地からはみ出たままで給油しないこと．

④ 固定注油設備から灯油もしくは軽油を容器に詰め替え，又は車両に固定されたタンクに注入するときは，容器又は車両の一部もしくは全部が注油空地からはみ出たままで灯油を容器に詰め替え，又は車両に固定されたタンクに注入しないこと．

⑤ 移動貯蔵タンクから専用タンク又は廃油タンク等に危険物を注入するときは，移動タンク貯蔵所を専用タンク又は廃油タンク等の注入口の付近に停車させること．

⑥　給油取扱所に専用タンク又は簡易タンクがある場合において，当該タンクに危険物を注入するときは，当該タンクに接続する固定給油設備又は固定注油設備の使用を中止するとともに，自動車等を当該タンクの注入口に近づけないこと．

⑦　固定給油設備又は固定注油設備には，当該固定給油設備又は固定注油設備に接続する専用タンク又は簡易タンクの配管以外のものによって，危険物を注入しないこと．

⑧　自動車等に給油するとき等は，固定給油設備又は専用タンクの注入口もしくは通気管の周囲等においては，他の自動車等が駐車することを禁止するとともに，自動車等の点検もしくは整備又は洗浄を行わないこと．

⑨　自動車等の出入する側又は通風及び避難のための空地には，自動車等が駐車又は停車することを禁止するとともに，避難上支障となる物件を置かないこと．

⑩　一方開放の屋内給油取扱所において専用タンクに危険物を注入するときは，可燃性の蒸気の放出を防止するため，可燃性の蒸気を回収する設備で行うこと．

⑪　自動車等の洗浄を行う場合は，引火点を有する液体の洗剤を使用しないこと．

⑫　物品の販売，飲食店，展示場等の業務は，原則として建築物の１階のみで行うこと．

⑬　給油の業務が行われていないときは，係員以外の者を出入させないため必要な措置を講ずること．

⑭　顧客に自ら自動車等に給油させ，又は灯油もしくは軽油を容器に詰め替えさせ，もしくは車両に固定されたタンクに注入させないこと．

⑮　顧客に自ら給油等をさせる給油取扱所における取扱いの基準は，①～⑬の規定の例によるほか，規則（第40条の３の10）によること．（政令第27条第６項第１号）

Ⅱ．第１種・第２種販売取扱所

① 危険物は，規定する容器に収納し，かつ，容器入りのままで販売すること．

② 原則として危険物の配合又は詰替えを行わないこと．
（政令第27条第６項第２号）

Ⅲ．移送取扱所

① 危険物の移送は，危険物を移送するための配管及びポンプ並びにこれらに附属する設備の安全を確認した後に開始すること．

② 危険物の移送中は，移送する危険物の圧力及び流量を常に監視し，並びに１日に１回以上，危険物を移送するための配管及びポンプ並びにこれらに附属する設備の安全を確認するための巡視を行うこと．

③ 移送取扱所を設置する地域について，地震を感知し，又は地震の情報を得た場合には，直ちに，総務省令で定めるところにより，災害の発生又は拡大を防止するため必要な措置を講ずること．
（政令第27条第６項第３号）

Ⅳ．移動タンク貯蔵所

① 移動貯蔵タンクから危険物を貯蔵し，又は取り扱うタンクに液体の危険物を注入するときは，当該タンクの注入口に移動貯蔵タンクの注入ホースを緊結すること．ただし，手動開閉装置を備えた注入ノズルで指定数量未満の量のタンクに引火点が40 ℃以上の第４類危険物を注入するときは，この限りでない．

② 移動貯蔵タンクから液体の危険物を容器に詰め替えないこと．ただし，規則（第40条の５の２）で定める容器に引火点が40 ℃以上の第４類危険物を詰め替えるときは，この限りでない．

③ ガソリン，ベンゼンその他静電気による災害が発生するおそれのある液体の危険物を移動貯蔵タンクに入れ，又は移動貯蔵タンクから出すときは，移動貯蔵タンクと接地電極等との間を緊結することにより当該移動貯蔵タンクを接地すること．

④　移動貯蔵タンクから危険物を貯蔵し，又は取り扱うタンクに引火点が40 ℃未満の危険物を注入するときは，移動タンク貯蔵所の原動機を停止させること.

⑤　ガソリン，ベンゼンその他静電気による災害が発生するおそれのある液体の危険物を移動貯蔵タンクにその上部から注入するときは，注入管を用いるとともに，当該注入管の先端を移動貯蔵タンクの底部に着けること.

⑥　ガソリンを貯蔵していた移動貯蔵タンクに灯油もしくは軽油を注入するとき，又は灯油もしくは軽油を貯蔵していた移動貯蔵タンクにガソリンを注入するときは，規則（第40条の７）により，静電気等による災害を防止するための措置を講ずること.

（政令第27条第６項第４号）

第5章 運搬及び移送の基準

5.1 運搬容器の技術上の基準

① 運搬容器の材質は，鋼板，アルミニウム板，ブリキ板，ガラス，金属板，紙，プラスチック，ファイバー板，ゴム類，合成繊維，麻，木又は陶磁器であること．

② 運搬容器の構造及び最大容積は，規則（第42条，第43条）で定めるものであること．
（政令第28条）

③ 運搬容器への収納は下記の通りとする．

・危険物は，温度変化等により危険物が漏れないように運搬容器を密封して収納すること．

・上記の外装容器には，類を異にする危険物を収納しないこと．

・危険物は，収納する危険物と危険な反応を起こさない等当該危険物の性質に適応した材質の運搬容器に収納すること．

・固体の危険物は，運搬容器の内容積の95 %以下の収納率で運搬容器に収納すること．

・液体の危険物は，運搬容器の内容積の98 %以下の収納率で，かつ，55 ℃の温度において漏れないように十分な空間容積を有して運搬容器に収納すること．

・第3類危険物のうち，自然発火性物品は，不活性の気体を封入して密封する等空気と接しないようにすること．それ以外の物品は，パラフィン，軽油，灯油等の保護液で満たして密封し，又は不活性の気体を封入して密封する等水分と接しないようにすること．
（規則第43条の3）

5.2 積載方法の技術上の基準

① 危険物は，5.1 の運搬容器に収納して積載すること．

② 危険物は，運搬容器の外部に，下記の内容を表示して積載すること．

・危険物の品名，危険等級及び化学名並びに第４類危険物のうち水溶性の性状を有するものは「水溶性」

・危険物の数量

・次に掲げる注意事項

危険物の種別	危険物の品名	火気注意	衝撃注意	可燃物接触注意	禁水	火気厳禁	空気接触厳禁
第1類	アルカリ金属の過酸化物（これを含有するもの）	○	○	○	○		
	その他	○	○	○			
第2類	鉄粉，金属粉，マグネシウム（いずれかを含有するもの）	○			○		
	引火性固体					○	
	その他	○					
第3類	自然発火性物品					○	○
	禁水性物品				○		
第4類	すべて					○	
第5類	すべて		○			○	
第6類	すべて			○			

（規則第 44 条第１項）

③ 危険物は，当該危険物が転落し，又は危険物を収納した運搬容器が落下し，転倒し，もしくは破損しないように積載すること．

④ 運搬容器は，収納口を上方に向けて積載すること．

⑤ 第１類危険物，自然発火性物品，第４類危険物（特殊引火物のみ），第５類危険物又は第６類危険物は，日光の直射を避けるため遮光性の被覆で覆って積載すること．

⑥ 危険物は，類を異にするその他の危険物又は災害を発生させるおそれのある物品と混載しないこと．

	第1類	第2類	第3類	第4類	第5類	第6類
第1類		×	×	×	×	○
第2類	×		×	○	○	×
第3類	×	×		○	×	×
第4類	×	○	○		○	×
第5類	×	○	×	○		×
第6類	○	×	×	×	×	

○：混載可，×：混載不可

※指定数量の 1/10 以下の危険物については，この表を適用しない（規則別表第 4）

⑦　危険物を収納した運搬容器を積み重ねる場合においては，高さ３ｍ以下で積載すること．

（政令第29条）

One ポイント アドバイス!!

可燃物（第２類，第３類，第４類，第５類危険物）は酸化性物質（第１類，第６類危険物）によって酸化され，燃焼する危険性が生じるため，これらの混載を禁止している．

5.3 運搬方法の技術上の基準

①　危険物又は危険物を収納した運搬容器が著しく摩擦又は動揺を起さないように運搬すること．

②　指定数量以上の危険物を車両で運搬する場合には，0.3 m 平方（0.3 m × 0.3 m）の **[黒色]** の板に **[黄色]** の反射塗料等で「危」と表示したものを，車両の **[前後]** の見やすい箇所に掲げること．

③　指定数量以上の危険物を車両で運搬する場合において，積替，休憩，故障等のため車両を一時停止させるときは，安全な場所を選び，かつ，運搬する危険物の保安に注意すること．

④　指定数量以上の危険物を車両で運搬する場合には，当該危険物に適応するものを備えること．

⑤　危険物の運搬中危険物が著しくもれる等災害が発生するおそれのある場合は，災害を防止するため応急の措置を講ずるとともに，最寄りの消防機関その他の関係機関に通報すること．
（政令第30条）

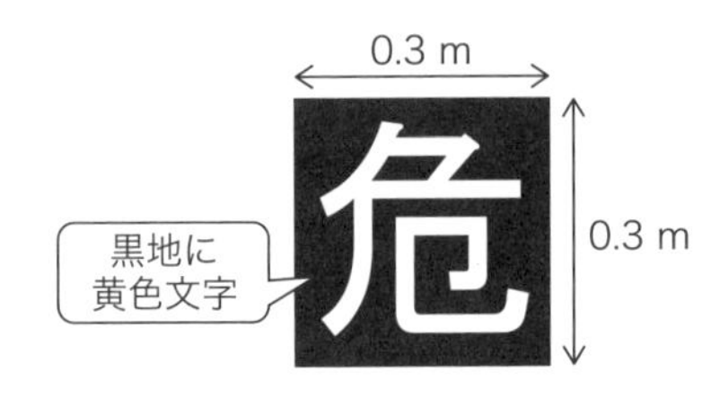

5.4　移動タンク貯蔵所による危険物の移送に関する基準

移動タンク貯蔵所による危険物の［**移送**］は，当該危険物を取り扱うことができる［**危険物取扱者**］を乗車させなければならない．また，乗車しているときは，［**危険物取扱者免状**］を携帯していなければならない．（消防法第16条の2）

①　危険物の移送をする者は，移送の開始前に，移動貯蔵タンクの底弁その他の弁，マンホール及び注入口のふた，消火器等の点検を十分に行うこと．

②　危険物の移送をする者は，下記に該当するとき，［**2人**］以上の運転要員を確保すること．
- 連続運転時間が4時間を超える
- 1日あたりの運転時間が9時間を超える

ただし，下記の危険物の移送については，この限りでない．
- 第2類危険物
- 第3類危険物（カルシウム，アルミニウムの炭化物及びこれのみを含有するもの）
- 第4類危険物（第1・3・4石油類，第2石油類（原油分留品，酢酸エステル，ぎ酸エステル，メチルエチルケトンに限る），アルコール類，動植物油類）

③　危険物の移送をする者は，移動タンク貯蔵所を休憩，故障等のため一時停止させるときは，安全な場所を選ぶこと．

④　危険物の移送をする者は，移動貯蔵タンクから危険物が著しくもれる等災害が発生するおそれのある場合には，災害を防止するため応急措置を講ずるとともに，もよりの消防機関その他の関係機関に通報すること．

⑤　危険物の移送をする者は，アルキルアルミニウム等の移送をする場合には，移送の経路その他必要な事項を記載した書面を関係消防機関に送付するとともに，当該書面の写しを携帯し，当該書面に記載された内容に従うこと．

（政令第30条の2）

Note

第２編
物理学及び化学

第1章 物理学と化学の基礎

1.1 物質の構造

(1) 原子と元素

我々の身の回りに存在する物質は，[原子] という小さな粒子が集合してできている．すなわち，原子は物質を構成する最小の基本粒子であり，これまでに約100種類の原子が確認されている．また，この原子の種類を [元素] といい，[元素記号] を用いて表されている．

Oneポイント アドバイス!!

原　子：物質を構成する最小の基本粒子
元　素：原子の種類

(2) 分子と分子式

原子が2個以上集まってできたものを [分子] という．例えば水は水素原子2個と酸素原子1個から構成されており，水素の元素記号Hと酸素の元素記号Oを用いて，H_2O と表す．この H_2O を [分子式] といい，分子を構成している原子とその量を表している．例えば，二酸化炭素は炭素原子1個と酸素原子2個から構成されていることから，CO_2 と表す．

Oneポイント アドバイス!!

分　子：原子が2個以上集まってできたもの
分子式：分子を構成している原子とその量を表した式

(3) 物質の分類

海水をグツグツ煮詰めると，固形状のものが残る．これは海水に溶けていた物質である．一方，蒸発した水蒸気を冷却すると，再び水に戻る．

この水は蒸留水又は純水（純粋な水）と呼ばれている．純水には水以外のものを何も含んでおらず，このような物質を［**純物質**］という．一方，海水のように２種類以上の純物質から構成されるものを［**混合物**］という．混合物は加熱（蒸留）やろ過等によって，複数の純物質に分離することができる．

また，純水（H_2O）は電気分解によって水素ガス（H_2）と酸素ガス（O_2）を発生する．水素ガスや酸素ガスのように１種類の元素からできているものを［**単体**］といい，水のように２種類以上の元素からできているものを［**化合物**］という．すなわち，純物質は単体と化合物に分類される．

一方，ダイヤモンドと黒鉛はいずれも炭素のみから構成される単体であるが，色や硬さ等の性質が異なるものもある．このように，１種類の元素から構成されるのに性質が異なるものを［**同素体**］という．

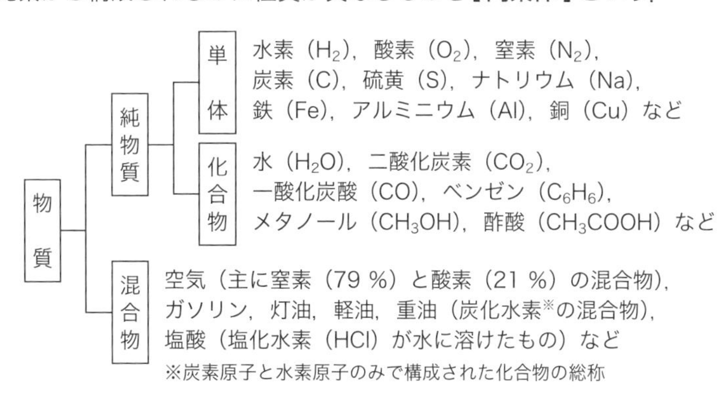

Oneポイントアドバイス!!

単　体：１種類の元素からできているもの
化合物：２種類以上の元素からできているもの
混合物：２種類以上の純物質からできているもの

⑷　原子の構造

原子は正の電気を帯びた［**原子核**］と負の電気を帯びた［**電子**］から構成されている．さらに，原子核は正の電気を帯びた［**陽子**］と電気を帯びていない［**中性子**］からなっており，陽子の数と電子の数が等しいため，原子は電気的に中性である．

また，陽子の数は元素の種類によって異なり，この数を［**原子番号**］という．

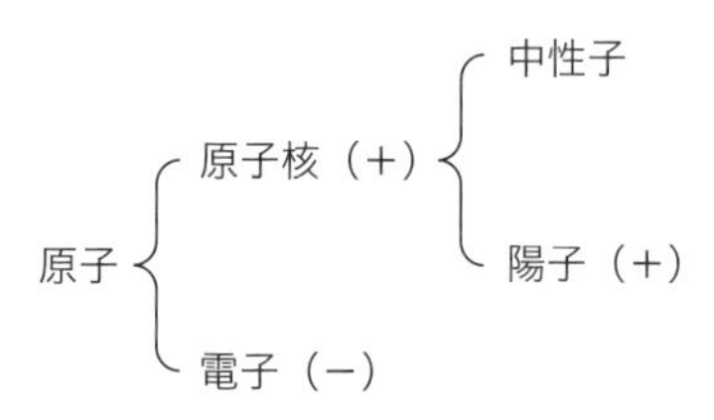

(5) イオン

原子は原子核の周囲に陽子（＋）と同じ数の電子（－）をもっている．いま，原子が電子を失うと正の電荷をもつ粒子となり，これを［**陽イオン**］という．一方，原子に電子を付加すると負の電荷をもつ粒子となり，これを［**陰イオン**］という．

Oneポイント アドバイス!!

陽（＋）イオン：原子が電子を失ったもの
陰（－）イオン：原子に電子を付加したもの

受け渡しした電子（⊖）の数をイオンの価数といい，1価，2価，3価…と呼ぶ．したがって，Li^{+}は1価の陽イオン，O^{2-}は2価の陰イオンという．

また，1つの原子から生じるイオンを単原子イオン（例：Li^{+}，O^{2-}等）といい，2つ以上の原子から生じるイオンを多原子イオン（例：NH_4^{+}，SO_4^{2-}等）という．

(6) 原子量と分子量

陽子と中性子の質量はほぼ同じであるが，電子の質量は非常に小さい．このため，陽子の数と中性子の数の和を［**質量数**］という．

各原子は一定の質量を有するが，その値はきわめて小さい．そこで，扱いやすくするために，炭素原子１個の質量を12とし，これを基準に原子の相対的な質量を定めたもの（相対質量）が用いられる．この炭素原子の質量数を基準とした相対質量を［**原子量**］という．また，分子を構成している原子の原子量の総和を［**分子量**］という．よって，相対質量に単位はなく，原子量にも分子量にも単位はない．

また，原子には陽子の数が同じで，質量数の異なるもの（陽子の数が同じで，中性子の数が異なるもの）があり，これらを［**同位体**］という．

Oneポイントアドバイス!!

質量数 ＝ 陽子の数 ＋ 中性子の数
原子量にも分子量にも単位はない．

Oneポイントアドバイス!!

同位体は，１種類の元素から構成されるのに性質が異なるもの．
同素体は，陽子の数が同じで，質量数の異なるもの．

ここで問題!!

硫酸の分子量はいくらか．ただし，原子量はH＝1，O＝16，S＝32とする．

<解答と解説>

硫酸の分子式はH_2SO_4なので，下記のように計算する．

硫酸の分子量 ＝（Hの原子量）× 2 ＋（Sの原子量）× 1 ＋（O原子量）× 4
＝ 1 × 2 ＋ 32 × 1 ＋ 16 × 4
＝ 98

⑺ 異性体

同じ分子式を有する化合物で，構造や性質が異なるものを［異性体］という．異性体のうち，分子の構造式が異なるものを［構造異性体］という．

ここで問題！！

C_3H_8Oの分子式を有する構造異性体はいくつあるか．

<解答と解説>

3つ

炭素，水素，酸素原子の原子価（結合できる手の数）は，それぞれ4，1，2なので，考えられる構造は以下の３つとなる．

CH_3—CH_2—CH_2—OH
1－プロパノール

CH_3—CH—CH_3
　　　　|
　　　OH
2－プロパノール

CH_3—CH_2—O—CH_3
エチルメチルエーテル

⑻ 化学式

元素記号を組み合わせて物質の構成を表示したものを［化学式］という．化学式には表し方によって以下のようなものがある．

(i)　組成式

分子内の原子の数を最も簡単な整数比で示した化学式

(ii)　分子式

分子を構成する原子の種類と個数を示した化学式

(iii)　示性式

　分子式の中から特定の原子団（官能基）を分けて明記した化学式（官能基とは，化合物の特徴的な性質の原因となる特定の基のこと．P.148を参照）

(iv)　構造式

　分子内の原子間の結合を線で示した化学式

例：酢酸

- 組成式：　CH_2O
- 分子式：　$C_2H_4O_2$
- 示性式：　CH_3COOH
- 構造式：

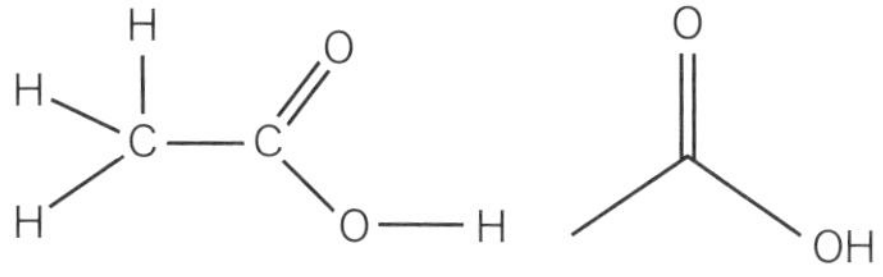

炭素（C）及び炭素に結合している水素（H）を省略することもある

1.2　物質の三態と状態変化

(1)　物質の三態

　温度や圧力を変えると，同じ物質であっても状態が変化する．例えば大気圧（1気圧）下で，H_2Oは0 ℃以下で氷（[**固体**]）であるが，0 ℃以上に加熱することで水（[**液体**]）になり，さらに100 ℃以上に加熱することで水蒸気（[**気体**]）となる．この固体，液体，気体の3つの状態は[**物質の三態**]と呼ばれている．

(i)　固体

　分子間の引力の影響が大きく，わずかに振動しているだけなので，分子は規則正しく配列している．よって，決まった形と体積を有する．

(ii)　液体

分子間の引力はあるが，分子は比較的自由な運動をしている．よって，ほぼ決まった体積を有するが，形は自由に変形できる．

(iii)　気体

分子間の引力が無視できるくらい小さく，分子は自由に運動している．よって，体積は大きくなり，形は自由に変形できる．

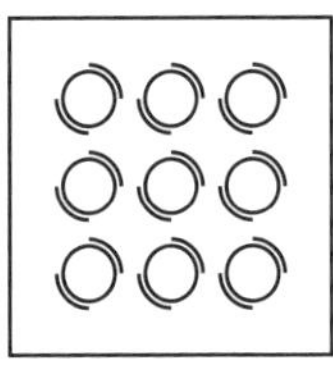
固体

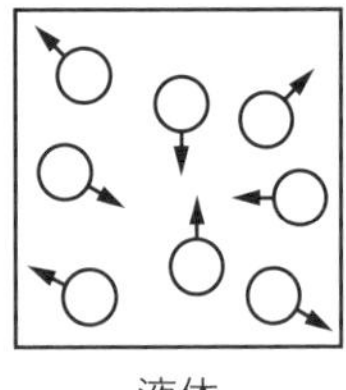
液体

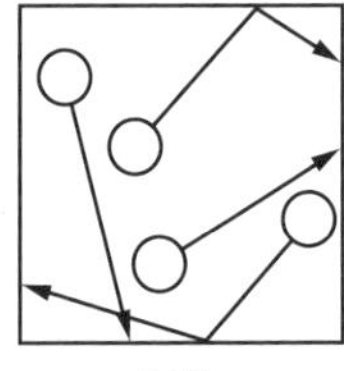
気体

Oneポイント アドバイス!!

固　体：分子はほとんど運動していない状態
液　体：分子は比較的自由な運動をしている状態
気　体：分子は自由に運動している状態

(2)　状態変化

氷を加熱すると水になり，水を加熱すると水蒸気になる．このような変化を［**状態変化**］という．

(i)　融解

固体から液体への変化を［**融解**］という．固体から液体に変わるとき，分子は運動するようになるが，これは周囲の熱エネルギーを運動エネルギーに変えることによって起こる．すなわち，融解は周囲の熱を奪って［**吸熱**］しながら起こる．このとき，融解に必要なエネルギーを［**融解熱**］といい，融解が起こる温度を［**融点**］という．また，融点は分子間の引力が強いほど高い．

⒤　凝固

液体から固体への変化を［**凝固**］という．液体から固体に変わるとき，分子は運動しなくなるが，これに伴って運動エネルギーを熱エネルギーとして放出する．すなわち，凝固は周囲に熱を放出しながら［**発熱**］して起こる．また，凝固が起こる温度を［**凝固点**］といい，融点と同じ温度である．

(iii)　蒸発（気化）

液体から気体への変化を［**蒸発**］又は［**気化**］という．液体から気体に変わるとき，分子はさらに激しく運動するようになるが，これは周囲の熱エネルギーを運動エネルギーに変えることによって起こる．すなわち，蒸発（気化）は周囲の熱を奪って［**吸熱**］しながら起こる．このとき，蒸発（気化）に必要なエネルギーを［**蒸発熱**］（［**気化熱**］）という．

(iv)　凝縮（液化）

気体から液体への変化を［**凝縮**］又は［**液化**］という．気体から液体に変わるとき，分子は運動しなくなるが，これに伴って運動エネルギーを熱エネルギーとして放出する．すなわち，凝縮（液化）は周囲に熱を放出しながら［**発熱**］して起こる．

(v)　昇華

固体から直接気体になる変化又は気体から直接固体になる変化を［**昇華**］という．固体から気体への変化は周囲の熱を奪って［**吸熱**］しながら起こるが，気体から固体への変化は周囲に熱を放出しながら［**発熱**］して起こる．

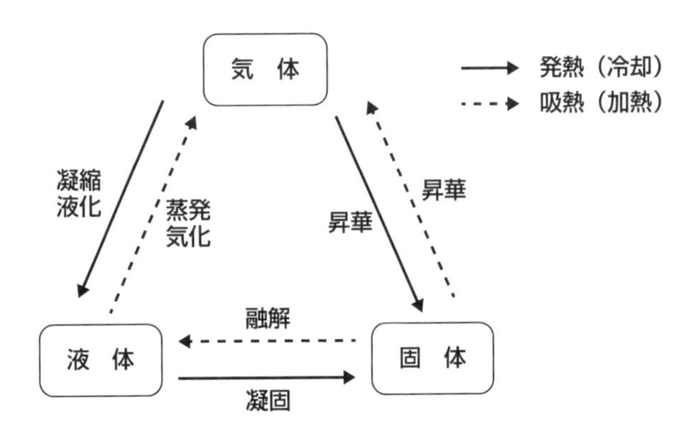

Oneポイント アドバイス!!

発熱するか吸熱するかは，固体，液体，気体の分子状態を考えると理解しやすい．

⑶　蒸発と沸騰

液体から気体へ変化するとき，液体の表面から蒸発（気化）が起こる現象を［**蒸発**］といい，液体の内部からも蒸発（気化）が起こる現象を［**沸騰**］という．

ある液体を少量瓶に入れて密栓すると，瓶の上部の空間はその液体の蒸気で飽和する．このときの圧力を［**蒸気圧**］又は［**飽和蒸気圧**］という．液体を加熱すると，（飽和）蒸気圧は上昇し，やがて外圧（大気圧）と等しくなる．このとき，液体の内部から蒸発（気化）が起こり沸騰する．このときの温度を［**沸点**］といい，沸点は分子間の引力が強いほど高くなる．

また，沸点は圧力とも密接な関係がある．例えば，常圧（１気圧）の下で水を加熱すると100 ℃で沸騰するが，山頂で水を加熱すると100 ℃以下で水が沸騰する．山頂で炊いた米飯がまずいのは，水の沸点が低下することによって米が煮えないことが原因である．このように，圧力を低くすると沸点も［**低下**］し，逆に圧力を高くすると沸点は［**高く**］なる．

Oneポイント アドバイス!!

沸点とは，(飽和) 蒸気圧と外圧 (大気圧) が等しくなったときの温度をいう．

Oneポイント アドバイス!!

純物質は一定の沸点や融点を有するが，圧力が変化すると沸点や融点も変化する．

一方，混合物は一定の沸点や融点をもたない．

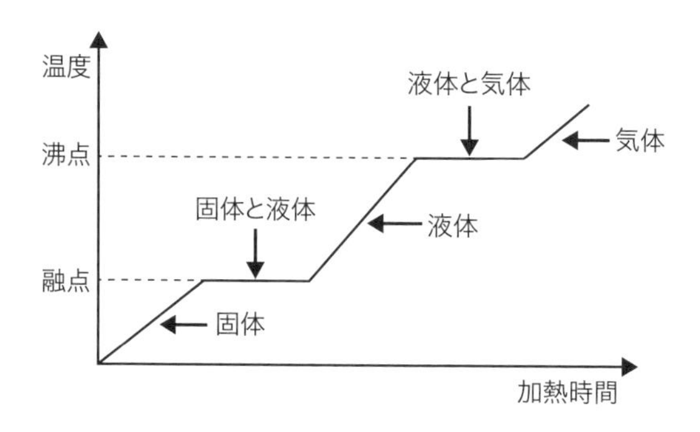

参 考

上記の状態変化を理解するときに役立つのが，水の状態図である．

いま，室温 (20 ℃) で常圧 (1 気圧) のとき，水は液体として存在する．これを同じ圧力のままで冷却すると 0 ℃で固体 (氷) になる．逆に，同じ圧力で加熱すると，100 ℃で気体 (水蒸気) となる．圧力を下げると，気体になる温度 (沸点) は低下し，圧力を上げると，沸点は高くなる．また，冷却して氷になったものを減圧する (圧力を下げる) と直接気体になる．これが凍結乾燥である．

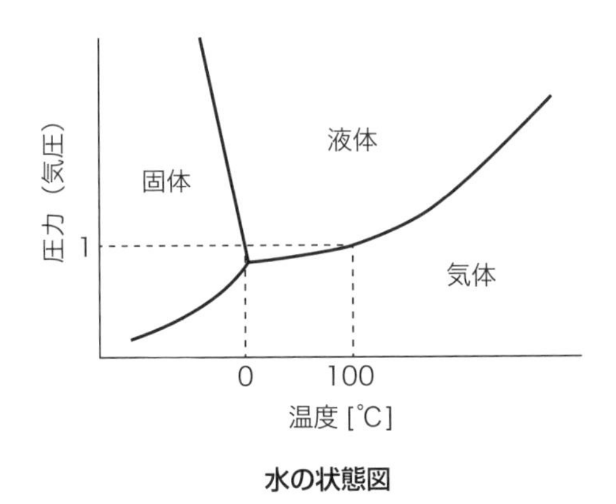

水の状態図

ここで問題!!

1. 水の沸点は常に100 ℃である．○か×か．

2. 塩水の沸点は100 ℃である．○か×か．

<解答と解説>

1. ×

　圧力が変わると沸点も変わる．

2. ×

　混合物と純物質の沸点は異なる．

Oneポイントアドバイス!!

　常圧（1気圧）で，塩水の沸点は水の沸点（100 ℃）より高い．
（溶液の沸点は純溶媒の沸点よりも高くなる．これを［沸点上昇］という）
　常圧（1気圧）で，塩水の凝固点は水の凝固点（0 ℃）より低い．
（溶液の凝固点は純溶媒の凝固点よりも低くなる．これを［凝固点降下］という）

1.3 熱

⑴ 温度

物質の温かさや冷たさを表す指標として，**[温度]**が用いられている．我々が普段使用している温度の単位は[℃]であり，この単位を用いて表す温度のことを**[セルシウス温度]**（セ氏温度）という．セ氏温度とは，水の氷点（水が凍るときの温度）又は氷の融点を０℃，水の沸点を100℃とし，その間を100等分したものを１℃として表している．

一方，理論上の最低温度である－273℃を０とした**[絶対温度]**がある．絶対温度の単位は[K]（ケルビン）で表し，セ氏温度と同じ間隔で目盛を付している．すなわち，０K＝－273℃であり，絶対温度T[K]とセ氏温度t[℃]は次のような関係になる．

$$T = t + 273$$

⑵ 熱量

高温体と低温体を接触させたとき，高温体の温度は低下し，低温体の温度は上昇する．これは高温体から低温体へエネルギーが移動したことによるもので，このエネルギーを**[熱]**，エネルギーの量を**[熱量]**という．

熱量の単位は[J]（ジュール）で表す．また，水１gの温度を１K上昇させるために必要な熱量は4.186Jである．

Oneポイント アドバイス!!

他にも熱量の単位には[cal]（カロリー）があり，[J]とは次のような関係になる．

1 cal＝4.186 J

⑶ 比熱

[比熱]とは物質１gの温度を１K上昇させるために必要な熱量のことであり，物質の温まりにくさや冷めにくさを表す指標として用いられている．

比熱の単位は[J/(g・K)]で表し，比熱の値は物質によって異なる．特に水の比熱は他の物質と比較して大きく，温まりにくく冷めにくいという性質を有する．この性質から，水は消火剤としても使用されている．

Oneポイント アドバイス!!

比　熱：大 → 温まりにくく冷めにくい
比　熱：小 → 温まりやすく冷めやすい

(4)　熱容量

[熱容量]とは質量m [g]の物質の温度を1 K上昇させるために必要な熱量のことであり，比熱をc [J/(g・K)]とすると，熱容量C [J/K]は次のように表される．

$$C = m \times c$$（熱容量 ＝ 質量 × 比熱）

また，比熱c [J/(g・K)]，質量m [g]の物質の温度をΔT [K]上昇させるために必要な熱量Q [J]は次式で表される．

$$Q = m \times c \times \Delta T$$（熱量 ＝ 質量 × 比熱 × 上昇した温度）

ここで問題!!

銅50 gを20 ℃から100 ℃まで加熱したとき，必要な熱量はいくらか．ただし，銅の比熱を0.38 J/(g・K)とする．

<解答と解説>

上昇した温度差は100 − 20 ＝ 80 Kなので，$Q = m \times c \times \Delta T$の式に代入すると，次のようになる．

$m = 50$ g

$c = 0.38$ J/(g·K)

$\Delta T = 80$ K

$50 \times 0.38 \times 80 = \underline{1520\ \text{J}}$

Oneポイント アドバイス!!

比　熱：物質１ gの温度を１ K上昇させるために必要な熱量 [J/(g・K)]
熱容量：全物質の温度を１ K上昇させるために必要な熱量 [J/K]
※単位に注目すると，理解しやすい．

⑸ 熱の移動

熱は必ず高温体から低温体へと移動する．この熱の移動には，**［伝導］**，**［対流］**，**［放射（ふく射）］**の３つがある．

(i) 伝導

物質の移動を伴わず，熱のみが伝わる現象を**［伝導］**という．例えば，フライパンの一部を熱すると，全部が温まるのは伝導によるものである．

また，鉄は熱が伝わりやすいが，ガラスは熱が伝わりにくい．この熱の伝わりやすさを数値化したものを**［熱伝導率］**という．熱伝導率の大きい物質は熱が伝わりやすく，小さい物質は熱が伝わりにくい．熱伝導率と各物質には次のような関係がある．

熱伝導率：固体（金属）＞ 固体（非金属）＞ 液体 ＞ 気体

Oneポイント アドバイス!!

熱伝導率は金属が最も大きく，気体が最も小さい．

さらに，高温体と低温体を接触させるとき，伝導によって移動する熱量（伝熱量）は各物質の温度差が大きいほど大きくなる．

(ii) 対流

液体や気体のような**［流体］**を加熱すると，体積が膨張し，密度が小さくなる．密度が小さくなった部分は軽いために上昇し，温度の低い部分は下降してくる．このように，物質が温度差によって移動するとき，熱も移動する現象を**［対流］**という．

ガスコンロで鍋の中の水を温めることや，エアコンで室温を冷やすことは，対流によるものである．

(iii)　放射（ふく射）

加熱された物質が電磁波（赤外線，放射線，光等）を放射し，離れた他の物質が受け取って再び熱となる現象を **[放射]** 又は **[ふく射]** という．すなわち，放射（ふく射）とは熱が空間を伝わって移動する現象で，太陽の熱が地球上の物質に伝わったり，ストーブが向いている方角が温かくなったりすること等が例として挙げられる．

Oneポイント　アドバイス!!

伝　導：物体は移動せず，熱のみが移動する
対　流：物体の移動に伴って，熱も移動する
放　射：空間を伝わって，離れた物体に熱が移動する

(6)　熱膨張

一般的に，物質は加熱して温度が上がると体積が増える．これを **[熱膨張]** という．また，熱膨張によって増加した割合を **[膨張率]** という．

(i)　線膨張

加熱によって長さが増えることを **[線膨張]** といい，その割合を **[線膨張率]** という．

線膨張率 α，長さ L_0 の物質を加熱したときの長さ L は次式で求めることができる．ただし，加熱による温度差を ΔT とする．

$$L = L_0(1 + \alpha \times \Delta T)$$

L_0：もとの長さ

L　：加熱後の長さ

(ii)　体膨張

加熱によって体積が増えることを **[体膨張]** といい，その割合を **[体膨張率]** という．

体膨張率β，体積V_0の物質を加熱したときの体積Vは次式で求めることができる．ただし，加熱による温度差をΔTとする．

$V = V_0(1 + \beta \times \Delta T)$

V_0：もとの体積

V：加熱後の体積

体膨張率：固体 ＜ 液体 ＜ 気体

Oneポイント アドバイス!!

体膨張率は気体が最も大きく，固体が最も小さい．
線膨張は固体のみだが，体膨張は固体，液体，気体で起こる．

ここで問題!!

ガソリン1000 Lを20 ℃から30 ℃まで加熱したとき，何 Lになるか．ただし，ガソリンの体膨張率を0.00135 K^{-1}とする．

<解答と解説>

上昇した温度差は30－20＝10 Kなので，$V = V_0(1 + \beta \times \Delta T)$の式に代入すると，次のようになる．

$V_0 = 1000$ L
$\beta = 0.00135$ K^{-1}
$\Delta T = 10$ K
$1000 \times (1 + 0.00135 \times 10) = 1000 \times 1.0135 = \underline{1013.5 \text{ L}}$

1.4 電気工学の基礎

(1) オームの法則

正又は負の電荷の移動を［**電流**］といい，正電荷が移動する方向を電流の向きとしている．電流の強さは導体の断面を通過する単位時間あたりの電荷量で表し，単位にはアンペア[A]を用いる．

電荷に係る位置エネルギーを［**電位**］といい，ある２点間の電位の差を［**電位差**］という．この電位差は［**電圧**］とも呼ばれ，単位にはボルト[V]を用いる．

電流の流れにくさを［**電気抵抗**］又は［**抵抗**］といい，単位にはオーム[Ω]を用いる．抵抗は導体の材質，断面積，長さ等によって異なる．

ここで，電流をI [A]，電圧をV [V]，抵抗をR [Ω]として表すとき，三者には次のような関係が成り立つ．これを［**オームの法則**］という．

$$V = I \times R \qquad ①$$

Oneポイント アドバイス!!

陽子は正電荷，電子は負電荷である．

Oneポイント アドバイス!!

電流の向きは正電荷が移動する方向に流れるので，プラスからマイナスに流れる．

電子の流れは負電荷が移動する向き，すなわち電流の向きとは逆になるので，マイナスからプラスに流れる．

(2)　ジュールの法則

一般的に，金属は電気を通しやすい．このような物質を電気の［**良導体**］という．一方，プラスチックやコンクリート等，ほとんど電気を通さない物質を電気の［**不良導体**］又は［**絶縁体**］という．

超伝導体を除き，導体に電流を流すと発熱する．この熱を［**ジュール熱**］といい，単位にはジュール[J]を用いる．いま，ある導体にV [V]の電圧をかけたとき，電流I [A]がt秒間流れたとすると，発生するジュール熱Q [J]は次式で表される．

$$Q = V \times I \times t \qquad ②$$

ここで，②式にオームの法則（①式）を代入すると，次のようになる．これを［**ジュールの法則**］という．

$$Q = I^2 \times R \times t \qquad ③$$

Oneポイント アドバイス!!

許容量以上の電流を流したり，接触不良等により電気抵抗が大きくなったりしたとき，③式よりジュール熱が大きくなる．この大きくなったジュール熱が電気火災の原因となることもある．

1.5 静電気

(1) 静電気の発生

静電気の発生原因はいくつか存在する．例えば，剥離（はくり）帯電は次のように起こる．

一般的に物体は正（＋）の電荷と負（－）の電荷を等量ずつ有するため，電気的に中性である．いま，異なる物体ＡとＢを接触させる．このとき，ＡとＢの組合せは，固体と固体，固体と液体，液体と液体の組み合わせがある．

接触面では電荷の移動が起こり，一方には正の電荷，他方には負の電荷が帯電し，静電気が発生する（見かけ上，静電気が発生しているように見えない）．この物体Ａ，Ｂを急速に引き離すと，それぞれの電荷が双方に残留し，いわゆる静電気が発生する（放電が起こる）．

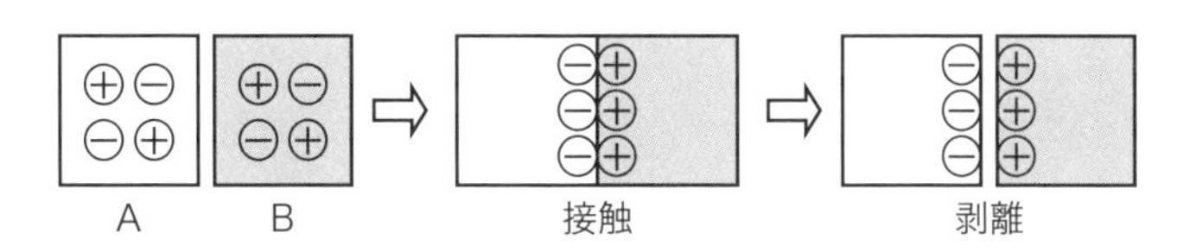

他にも，静電気は物体の摩擦等によっても発生し，特に **[絶縁性]**（電気抵抗率）の大きい物質や **[絶縁体]**（電気を通さないもの）では静電気を発生しやすい．また，静電気は **[低温]** で湿度が **[低い]** 環境下で発生しやすい．

(2) 静電気の防止・予防法

静電気の発生を防止・予防するためには，静電気が発生しやすい環境や状態をつくらないことが重要である．

(i) 摩擦を減らす

ガソリン等をホースや配管等で移送する場合，流速（流体の速度）が大きいと静電気が発生・蓄積しやすい．そこで，流速を［**遅く**］して摩擦を小さくすることが効果的である．

(ii) 導電性の材料を使用する

［**化学繊維**］（ポリエステル，ナイロン，アクリル等）は絶縁性であり，静電気を発生・蓄積しやすい．一方，綿や麻等の［**天然繊維**］は静電気を発生しにくいので，これらの繊維の服を着ると良い．また，プラスチックやゴムも絶縁体なので，これらの材料の使用は避ける．

(iii) 接地（アース）する

導電性の材料を用いて［**接地**］（アース）すると，帯電した電荷を地面に逃がすことができる．

(iv) 湿度を高くする

静電気は湿度が低いときに発生・蓄積しやすいので，湿度を［**高く**］する（75 %以上）．

1.6 密度と比重

(1) 固体と液体の密度と比重

固体や液体の密度の単位は[g/cm^3]又は[kg/m^3]と表す．[g]や[kg]は質量の単位，[cm^3]や[m^3]は体積の単位であることから，固体や液体の密度は単位体積あたりの質量であることがわかる．すなわち，密度は次のように定義される．

$$密度 = \frac{質量}{体積}$$

また，固体や液体は加熱によって体積が膨張するため，温度が上がると密度は小さくなることもわかる．

一方，固体や液体の比重とは１気圧，４℃の水の密度との比をいう．すなわち，固体や液体の比重とは，その物質の質量が同じ体積の水の何倍の質量に相当するかを表す値である．

$$\text{比重} = \frac{\text{物質の密度[g/cm}^3\text{]}}{\text{1気圧，4℃の水の密度[g/cm}^3\text{]}}$$

水の密度は１気圧，４℃のとき１ g/cm^3 であることから，密度と比重は同じ値になる．また，比重には単位がない．

One ポイント アドバイス!!

比　重 ＞ 1　→　水より重い
比　重 ＜ 1　→　水より軽い

⑵　気体の密度と比重

気体の密度の単位は [g/L] と表す．しかし，気体の質量は温度や圧力によって大きく異なることから，気体の密度とは０℃，１気圧のときの１Ｌあたりの質量をいう．

一方，気体の比重を **[蒸気比重]** という．蒸気比重は次式で与えられ，気体の質量が同じ体積の空気の何倍の質量に相当するかを表す．

$$\text{蒸気比重} = \frac{\text{気体の密度[g/L]}}{\text{1気圧，0℃の空気の密度[g/L]}}$$

ただし，０℃，１気圧のときの空気の密度は 1.293 g/L であることから，気体の密度と蒸気比重は同じ値にならないので，注意が必要である．また，蒸気比重にも単位がない．

One ポイント アドバイス!!

蒸気比重 ＞ 1　→　空気より重い
蒸気比重 ＜ 1　→　空気より軽い

1.7 気体の性質

(1) ボイルの法則

温度が一定のとき，一定量の気体の体積は圧力に反比例する．すなわち，圧力を大きくすると，体積は小さくなる．いま，圧力をP，体積をVとするとき，上記の関係は次のように表される．

$$P \times V = 一定$$

また，圧力P_1，体積V_1の気体を一定温度の下で圧力P_2，体積V_2にするとき，次の式が成り立つ．

$$P_1 \times V_1 = P_2 \times V_2$$

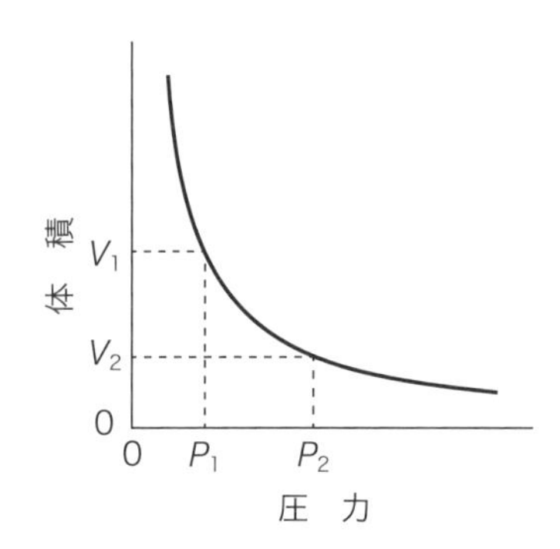

気体の圧力と体積の関係（温度一定）

ここで問題！！

0 ℃，1000 hPa（ヘクトパスカル）の気体５Ｌを，0 ℃，2000 hPaに圧縮したとき，体積は何Ｌになるか．

<解答と解説>

温度は０℃まま変化がないので，ボイルの法則が成り立つ．したがって，$P_1 \times V_1 = P_2 \times V_2$に代入すると，次のようになる．

$P_1 = 1000$ hPa

$V_1 = 5$ L

$P_2 = 2000$ hPa

$1000 \times 5 = 2000 \times V_2$

$V_2 = \dfrac{5000}{2000} = \underline{2.5 \text{ L}}$

(2) シャルルの法則

圧力が一定のとき，一定量の気体の体積は温度が１Kずつ上昇するごとに，0℃のときの体積の $\dfrac{1}{273}$ ずつ増加する．いま，t [℃] のときの体積を V，0℃のときの体積を V_0 とするとき，上記の関係は次のように表される．

$$V = V_0 + \frac{V_0 \times t}{273} = \frac{V_0 \times (t + 273)}{273}$$

ここで，t [℃] + 273 は絶対温度のことなので，$t + 273 = T$ [K] とすると，上式は次のように変形できる．

$$\frac{V}{T} = \frac{V_0}{273} = \text{一定}$$

この式より，圧力が一定のとき，一定量の気体の体積は絶対温度に比例することがわかる．また，温度 T_1，体積 V_1 の気体を一定圧力の下で温度 T_2，体積 V_2 にするとき，次の式が成り立つ．

$$\frac{V_1}{T_1} = \frac{V_2}{T_2}$$

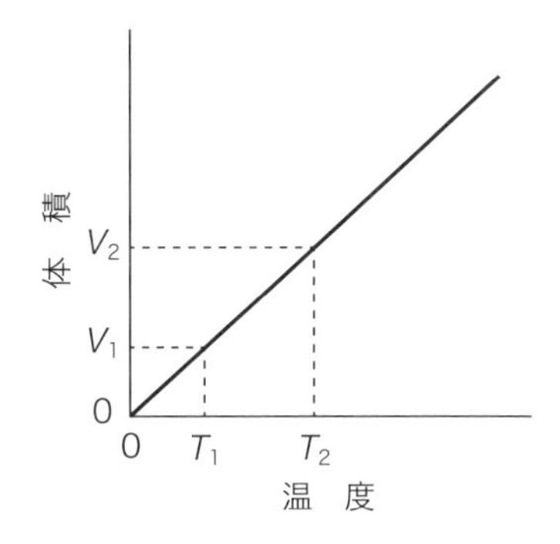

気体の温度と体積の関係（圧力一定）

ここで問題!!

１気圧，300 Kで６ Lの気体を，１気圧，400 Kに加熱したとき，体積は何 Lになるか.

<解答と解説>

圧力は１気圧のまま変化がないので，シャルルの法則が成り立つ．したがって，$\frac{V_1}{T_1}=\frac{V_2}{T_2}$ に代入すると，次のようになる.

$T_1 = 300$ K

$V_1 = 6$ L

$T_2 = 400$ K

$$\frac{6}{300}=\frac{V_2}{400}$$

$$V_2=\frac{6}{300}\times 400 = \underline{8\ \mathrm{L}}$$

⑶　ボイル・シャルルの法則

一定量の気体の体積は圧力に反比例し，絶対温度に比例する．いま，体積をV，圧力をP，絶対温度をTとするとき，上記の関係は次のように表される.

$$\frac{P\times V}{T}=一定$$

また，圧力P_1，温度T_1，体積V_1の気体を圧力P_2，温度T_2，体積V_2にするとき，次の式が成り立つ.

$$\frac{P_1\times V_1}{T_1}=\frac{P_2\times V_2}{T_2}$$

参 考

※ボイル・シャルルの法則の導出

ボイル・シャルルの法則はボイルの法則とシャルルの法則を１つにまとめたもので，次のように導くことができる.

ボイルの法則より

$$P_1 \times V_1 = P_2 \times V' \qquad ①$$

①式を変形すると

$$V' = \frac{P_1}{P_2} \times V_1 \qquad ②$$

シャルルの法則より

$$\frac{V'}{T_1} = \frac{V_2}{T_2} \qquad ③$$

③式を変形すると

$$V' = \frac{T_1}{T_2} \times V_2 \qquad ④$$

② ＝ ④より V' を消去すると

$$\frac{P_1}{P_2} \times V_1 = \frac{T_1}{T_2} \times V_2$$

$$\frac{P_1 \times V_1}{T_1} = \frac{P_2 \times V_2}{T_2}$$

ボイルの法則

温度	T_1 --- 一定 ---	T_1 →	T_2
体積	V_1 →	V' →	V_2
圧力	P_1 →	P_2 --- 一定 ---	P_2

シャルルの法則

⇩ ボイル・シャルルの法則

温度	T_1 →	T_2
体積	V_1 →	V_2
圧力	P_1 →	P_2

ここで問題!!

300 K，1000 hPaの気体 6 Lを，400 K，2000 hPaにしたとき，体積は何 Lになるか．

<解答と解説>

温度も圧力も変化しているので，ボイル・シャルルの法則を用いる．

そこで，$\frac{P_1 \times V_1}{T_1} = \frac{P_2 \times V_2}{T_2}$ に代入すると，次のようになる．

$T_1 = 300$ K

$P_1 = 1000$ hPa

$V_1 = 6$ L

$T_2 = 400$ K

$P_2 = 2000$ hPa

$$\frac{1000 \times 6}{300} = \frac{2000 \times V_2}{400}$$

$$V_2 = \frac{6000}{300} \times \frac{400}{2000} = 20 \times 0.2 = \underline{4\ \mathrm{L}}$$

⑷　アボガドロの法則

すべての気体は，同温同圧下で同体積内に同数個の分子を含む．これを［**アボガドロの法則**］という．特に，0 ℃，1気圧（＝1013 hPa）の下で，1 mol（モル）の気体の体積は22.4 Lであり，その中に含まれる分子数は6.02×10^{23}個である．なお，0 ℃，1気圧（＝1013 hPa）の条件を［**標準状態**］という．

また，[mol]（モル）とは［**物質量**］を表す単位であり，分子量に[g]（グラム）の単位を付けたものが1 molとなる．例えば，二酸化炭素の分子式はCO_2であることから，分子量は44である．したがって，二酸化炭素 1 mol＝44 gとなる．

ここで問題！！

0 ℃，1気圧の下で，窒素14 gの体積は何 Lか．ただし，Nの原子量を14とする．

<解答と解説>

窒素の分子式はN_2であることから，分子量は$14 \times 2 = 28$となる．

窒素は1 mol＝28 gであるので，窒素14 gは0.5 molとなる．

0 ℃，1気圧の下で，1 molの窒素の体積は22.4 Lであることから，0.5 molの体積は次のようになる．

$22.4 \times 0.5 = \underline{11.2\ \mathrm{L}}$

⑸　気体の状態方程式

標準状態（0 ℃＝273 K，1013 hPa＝101300 Pa）のもとで，気体1 molの体積は22.4 Lである．これをボイル・シャルルの法則に代入すると，次のようになる．

$$\frac{P \times V}{T} = \frac{101300 \times 22.4}{273} = 8312\ \mathrm{Pa \cdot L/(mol \cdot K)}$$

この8312 Pa・L/(mol・K)を［**気体定数**］といい，Rで表す．したがって，気体定数Rを用いて上式を変形すると，次のようになる．

$$P \times V = R \times T$$

ここで，Vは気体1 molの体積なので，n [mol] の体積は $\frac{V}{n}$ となる．これを代入すると，次式が得られる．この式を **[気体の状態方程式]** という．

$$P \times V = n \times R \times T$$

ここで問題!!

300 K，50000 Paの下で，0.5 molの酸素の体積は何Lか．ただし，気体定数はR = 8300 Pa・L/(mol・K) とする．

<解答と解説>

気体の状態方程式$P \times V = n \times R \times T$に代入する．

$P = 50000$ Pa
$n = 0.5$ mol
$T = 300$ K
$50000 \times V = 0.5 \times 8300 \times 300$

$$V = \frac{0.5 \times 8300 \times 300}{50000} = \underline{24.9\ \mathrm{L}}$$

(6) 分圧の法則

2種類以上の成分から構成される混合気体の圧力を **[全圧]** といい，各成分が混合気体の全体積を単独で占めるときの圧力を **[分圧]** という．また，混合気体の全圧（P）は各成分気体の分圧（P_A，P_B，P_C…）の和に等しく，これを **[分圧の法則]** という．

$$P = P_A + P_B + P_C + \cdots$$

また，分圧の比は各成分気体の物質量n [mol] の比，又は各成分気体の体積V [L] の比に等しい．

$$P_A : P_B : P_C : \cdots = n_A : n_B : n_C : \cdots = V_A : V_B : V_C : \cdots$$

よって，分圧は次のように求めることができる．

$$P_A = \frac{n_A}{n_A + n_B + n_C + \cdots} \times P$$

酸素1.0 molと窒素2.0 molを100 Lの容器に入れ，300 Kに保ったとき，混合気体の全圧と各成分気体の分圧はそれぞれ何Paになるか．ただし，気体定数はR = 8300 Pa・L/(mol・K)とする．

<解答と解説>

全圧は，気体の状態方程式（$P \times V = n \times R \times T$）から求める．

$V = 100$ L

$n = 1.0 + 2.0 = 3.0$ mol

$T = 300$ K

$P = \dfrac{3.0 \times 8300 \times 300}{100} = \underline{74700\ \text{Pa}}$　（全圧）

よって，分圧は次のようになる．

$P_{水素} = \dfrac{1}{3} \times 74700 = \underline{24900\ \text{Pa}}$

$P_{窒素} = 74700 - 24900 = \underline{49800\ \text{Pa}}$

(7) 気体の液化

気体に圧力をかけると，体積が減少して液化する．このとき，液化することができる最高温度を**［臨界温度］**といい，臨界温度以上ではどんな圧力をかけても液化することはできない．また，臨界温度で液化するための最低圧力を**［臨界圧力］**といい，臨界温度よりも低い温度では，液化するための圧力を臨界圧力よりも低くすることができる．

気　体	臨界温度［℃］	臨界圧力［MPa］
窒　素	−147.1	3.39
酸　素	−118.4	5.04
二酸化炭素	31.0	7.39
アンモニア	132.4	11.35
水	374.1	22.12

One ポイント アドバイス!!

液体窒素は，窒素ガスを－147.1 ℃以下まで冷却し，ここに3.39 MPa以上の圧力をかけることで製造できる．（室温では，いくら圧力をかけても製造できない）

1.8 溶液の性質

⑴ 溶解

塩が水に溶けて均一な液体となる現象を［**溶解**］といい，溶解によってできた液体を［**溶液**］という．このとき，塩のように溶けている物質を［**溶質**］，水のように溶かしている液体を［**溶媒**］という．特に水を溶媒とした溶液を［**水溶液**］という．

⑵ 溶解度

溶媒100 g中に溶解できる最大の溶質量[g]を［**溶解度**］という．一般的に固体の溶解度は温度が上がるとともに大きくなるが，気体の溶解度は温度が上がるとともに小さくなる．したがって，溶解度を表示する際は温度も合わせて記載する．また，溶質がその溶解度まで溶けている溶液（溶質がそれ以上溶けなくなった溶液）を［**飽和溶液**］という．

⑶ 濃度

溶液中の溶質量の割合を［**濃度**］といい，次のような表し方がある．

（i）質量パーセント濃度

溶液の質量に対する溶質の質量を百分率で表した濃度を［**質量パーセント濃度**］という．すなわち，質量パーセント濃度とは溶液100 g中に含まれる溶質の質量であり，単位は[%]又は[w/w%]，[wt%]と表す．

$$\frac{\text{溶質の質量}}{\text{溶質の質量}+\text{溶媒の質量}}\times 100=\frac{\text{溶質の質量}}{\text{溶液の質量}}\times 100$$

塩20 gを水 80 gに溶かしたときの質量パーセント濃度を求めよ.

<解答と解説>

溶質は塩，溶媒は水であるので，上式に代入すると次のようになる.

$$\frac{20}{20+80}\times100=\frac{20}{100}\times100=\underline{20\ \%}$$

(ii)　体積百分率

溶液の体積に対する溶質の体積を百分率で表した濃度を **［体積百分率］** という．一般的に溶質が液体のときに用い，単位は[v/v%]又は[vol%]と表す.

$$\frac{\text{溶質の体積}}{\text{溶質の体積}+\text{溶媒の体積}}\times100=\frac{\text{溶質の体積}}{\text{溶液の体積}}\times100$$

ここで問題!!

エタノール40 Lを水 60 Lに溶かしたときの体積百分率を求めよ.

<解答と解説>

溶質はエタノール，溶媒は水であるので，上式に代入すると次のようになる.

$$\frac{40}{40+60}\times100=\frac{40}{100}\times100=\underline{40\ \text{vol\%}}$$

(iii)　モル濃度

溶液１L中に溶けている溶質の物質量[mol]を表した濃度を **［モル濃度］** という．単位は[mol/L]で表され，化学では最もよく用いられる濃度である.

$$\frac{\text{溶質の物質量[mol]}}{\text{溶液の体積[L]}}$$

ここで問題!!

アンモニア水100 mL中にアンモニアが1.7 g溶解しているときの濃度をモル濃度で示せ．ただし，原子量はH = 1，N = 14とする．

<解答と解説>

アンモニアの分子式はNH_3であることから，分子量は14 × 1 + 1 × 3 = 17となる．

アンモニアNH_3 は1 mol = 17 gであるので，アンモニア1.7 gは0.1 molとなる．

また，アンモニア水は100 mL = 0.1 Lであるので，モル濃度は次のようになる．

$$\frac{0.1\ \mathrm{mol}}{0.1\ \mathrm{L}} = \underline{1\ \mathrm{mol/L}}$$

1.9 物理変化と化学変化

⑴ 物理変化と化学変化

ある物質がもとの物質とは異なる性質をもつ物質に変化することを[**化学変化**]といい，物質自体は変化せずに状態のみが変化することを[**物理変化**]という．

Oneポイント アドバイス!!

化学変化：物質自体が変化する
物理変化：物質自体は変化しない

⑵ 物理変化

物理変化には次のようなものがある．

(i) 潮解と風解

固体を空気中に放置するとき，空気中の水分を吸収してドロドロに溶ける現象を[**潮解**]という．例えば，水酸化ナトリウム等は潮解性を示す.

一方，固体（結晶）を空気中に放置するとき，結晶が水和水を失って粉末状に崩れる現象を［**風解**］という．例えば，炭酸ナトリウムの十水和物は風解し，一水和物となる.

（結晶に結合している水分子を水和水といい，水和水の数によって，一水和物，二水和物…となる）

(ii)　その他の物理変化

他にも，状態変化（融解，凝固，蒸発（気化），凝縮（液化），昇華），ろ過や蒸留等も物理変化に分類される.

One ポイント アドバイス!!

溶解には物理変化と化学変化がある．例えば，エタノールを水に溶解するときは，単純な混合なので物理変化になる．一方，塩（NaCl）を水に溶解するときは，水中でNaClがNa^+イオンとCl^-イオンに分かれるので化学変化になる.

(3)　化学変化

化学変化は，反応する物質（反応物）と生成した物質（生成物）の関係を式で表すことができる．この式を［**化学反応式**］という.

（反応物）→（生成物）

(i)　化学変化の種類

ガソリンが燃えたり，鉄がさびたりする現象を化学変化というが，化学変化はいくつかの反応に分類することができる．主なものを以下に示す.

①　化合

２種類以上の物質を結合させ，反応物とは異なる生成物を得る反応.

$$A + B \rightarrow AB$$

例：鉄と硫黄が反応すると，硫化鉄になる.

$$Fe + S \rightarrow FeS$$

② 分解

１種類の物質から２種類以上の物質に分けて，反応物とは異なる生成物を得る反応．

$AB \rightarrow A + B$

例：炭酸水素ナトリウムを加熱すると，炭酸ナトリウム，水，二酸化炭素になる．

$2\,NaHCO_3 \rightarrow Na_2CO_3 + H_2O + CO_2$

③ 置換

分子中の原子が他の原子等に置き換わり，反応物とは異なる生成物を得る反応．

$AB + C \rightarrow AC + B$

例：鉄に塩酸を加えると，塩化鉄（Ⅱ）と水素になる．

$Fe + 2\,HCl \rightarrow FeCl_2 + H_2$

④ 複分解

２種類の物質が互いの成分を交換して，新たな２種類の生成物を得る反応．

$AB + CD \rightarrow AC + BD$

例：硫化鉄（Ⅱ）に希硫酸を加えると，硫酸鉄（Ⅱ）と硫化水素になる．

$FeS + H_2SO_4 \rightarrow FeSO_4 + H_2S$

⑤ 付加

二重結合や三重結合が切れ，その部分に新たな原子等が結合して，新たな生成物を得る反応．

$A = B + C - D \rightarrow C - A - B - D$

例：アセチレンと塩酸を反応させると，塩化ビニルになる．

$CH \equiv CH + HCl \rightarrow CH_2 = CH - Cl$

⑥　重合

１種類又は２種類以上の物質を連続的に結合させ，大きな分子量の生成物を得る反応.

例：塩化ビニルを付加重合させると，ポリ塩化ビニルになる.

$$CH_2{=}CHCl \longrightarrow \left(CH_2{-}CHCl \right)_n$$

One ポイント アドバイス!!

「燃える（燃焼する)」,「爆発する」,「分解する」,「さびる」等の現象はすべて化学変化である.

ここで問題!!

次の変化は物理変化か化学変化か.

1. 原油を分留してガソリンと灯油に分ける.
2. 石油成分からプラスチックをつくる.

<解答と解説>

1. 物理変化

原油を加熱（蒸留）してガソリン，灯油，軽油，重油等に分ける操作を分留という. 混合物を分離する操作は物理変化となる.

2. 化学変化

プラスチックをつくる反応は重合と呼ばれる化学反応の１つである.

(ii)　化学の一般法則

①　質量保存の法則

物質間に化学変化が起こる場合，その化学変化の前後における物質の質量の総和は一定である．例えば，炭素12 gを酸素32 gを用いて完全燃焼させると，二酸化炭素44 gが生じる．

例：　C　＋　O_2　→　CO_2

12 g　　32 g　　44 g

②　倍数比例の法則

同じ２つの元素が化合して２種類以上の化合物を作るとき，一方の元素の一定質量と他方の元素の質量の比は，簡単な整数比になる．例えば，炭素12 gと酸素16 gから構成されている一酸化炭素（CO）と炭素12 gと酸素32 gから構成されている二酸化炭素（CO_2）では，酸素の質量比が16 g：32 g＝１：２となる．

③　定比例の法則

化合物を構成している元素の質量比は，化合物の作り方に関わらず，常に一定である．例えば，石灰石に塩酸を加えて発生させる二酸化炭素も，炭酸水素ナトリウムを加熱して発生させる二酸化炭素も，その組成は同じで，常に炭素 C 12：酸素 O_2 36＝１：３となる．

(iii)　反応熱

化学反応に伴って出入りする熱量を **[反応熱]** という．また，熱を放出しながら反応するものを **[発熱反応]** といい，その熱量は＋の符号を付けて表す．一方，熱を吸収しながら反応するものを **[吸熱反応]** といい，その熱量は－の符号を付けて表す．

反応熱には以下のようなものがある．

①　生成熱

化合物１ molが，その化合物を構成している元素の単体から生成するときに発生又は吸収する熱量を **[生成熱]** という．（発熱反応又は吸熱反応）

② 燃焼熱

物質１ molが完全燃焼するときに発生する熱量を［**燃焼熱**］という．（発熱反応）

③ 溶解熱

物質１ molを多量の溶媒に溶解したときに発生又は吸収する熱量を［**溶解熱**］という．（発熱反応又は吸熱反応）

④ 中和熱

中和反応によって１ molの水が生成するときに発生する熱量を［**中和熱**］という．（発熱反応）

(iv) 熱化学方程式

化学反応式の矢印（→）を等号（＝）に換え，右辺に反応熱を記入した式を［**熱化学方程式**］という．例えば，$C + O_2 \rightarrow CO_2$は394 kJの発熱反応なので，熱化学方程式は以下のようになる．

$$C + O_2 = CO_2 + 394 \text{ kJ}$$

(v) ヘスの法則

反応熱は反応の前後の状態のみによって決まり，反応過程に関わらず一定である．

ここで問題！！

炭素及び一酸化炭素の燃焼熱を，それぞれ394，283 kJ/molとすると，次式の反応熱は何kJになるか．

$$C + \frac{1}{2}O_2 = CO + Q \text{ [kJ]}$$

<解答と解説>

炭素及び一酸化炭素が燃焼するときの熱化学方程式は以下の通り.

$$C + O_2 = CO_2 + 394\ \mathrm{kJ} \qquad ①$$

$$CO + \frac{1}{2}O_2 = CO_2 + 283\ \mathrm{kJ} \qquad ②$$

①−②より

$$C + \frac{1}{2}O_2 - CO = (394 - 283)\ \mathrm{kJ}$$

変形して

$$C + \frac{1}{2}O_2 = CO + \underline{111\ \mathrm{kJ}}$$

(vi)　酸化と還元

鉄を空気中に放置しておくと，やがてさびる．これは鉄が酸素と化合することによって酸化鉄となる化学反応である．このように，ある物質が酸素と化合する化学反応を［**酸化**］という．この他にも，化合物が水素を失うことや物質が電子を失うことも酸化という．

一方，化合物が酸素を失う化学反応を［**還元**］という．同様に，物質が水素と化合することや物質が電子を得ることも還元という．

したがって，酸化と還元は必ず同時に起こるので，この反応を［**酸化還元反応**］という．

例１：$H_2S + O_2 \rightarrow S + H_2O$

硫化水素（H_2S）は，水素（H）を失って硫黄（S）になるので酸化となる．

酸素（O_2）は，水素（H）と化合して水（H_2O）になるので還元となる．

還元

$$2\,\underline{H_2S} + \underline{O_2} \rightarrow 2\,\underline{S} + 2\,\underline{H_2O}$$

酸化

例２：$CuO + H_2 \rightarrow Cu + H_2O$

酸化銅（Ⅱ）（CuO）は，酸素（O）を失って銅（Cu）になるので還元となる．

水素（H_2）は，酸素（O）と化合して水（H_2O）になるので酸化となる．

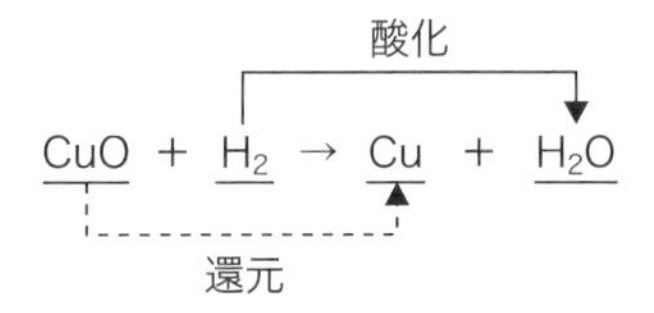

One ポイント アドバイス!!

酸化の反対が還元．

	酸　素	水　素	電　子
酸　化	化　合	失　う	失　う
還　元	失　う	化　合	得　る

※酸化と還元は必ず同時に起こる．

(vii)　酸化剤と還元剤

酸化還元反応において，相手の物質を酸化させるものを［**酸化剤**］という．したがって，酸化剤は自身が［**還元**］されやすい性質を有する．第１類や第６類危険物は，酸化剤の１つである．

一方，酸化還元反応において，相手の物質を還元させるものを［**還元剤**］という．したがって，還元剤は自身が［**酸化**］されやすい性質を有する．第２類や第４類危険物は，すべて還元剤である．

酸化剤と還元剤又は酸化剤と可燃物を接触させると激しく反応することから，両者を接触させることは厳禁である．また，両者を一緒に保管したり運搬したりすることも禁止されている．

One ポイント アドバイス!!

酸化剤は相手を酸化し，自身は還元されるもの．
還元剤は相手を還元し，自身は酸化されるもの．

1.10 反応速度

(1) アレニウスの式

一般に，反応速度は温度が高くなると大きくなる．いま，反応速度定数をk，絶対温度をT，活性化エネルギーをE，気体定数をRとすると，反応速度定数と絶対温度の関係は次の式で表される．

$$\frac{\mathrm{d}\ln k}{\mathrm{d}T}=\frac{E}{RT^2} \qquad ①$$

この式を**［アレニウスの式］**という．また，①式を積分すると，次のようになる．なお，Cは積分定数である．

$$\log_e k = C - \frac{E}{RT} \qquad ②$$

さらに，②式を変形すると，次のようになる．

$$k = A\mathrm{e}^{-\frac{E}{RT}} \qquad ただし，A=\mathrm{e}^C \qquad ③$$

なお，③式のAを頻度因子という．

［反応速度定数］とは反応の速さを表す量であり，この値が大きいほど反応が速い．また，**［活性化エネルギー］**とは反応を起こすために必要な最小限度のエネルギーであり，この値が小さいほど反応が起こりやすい．

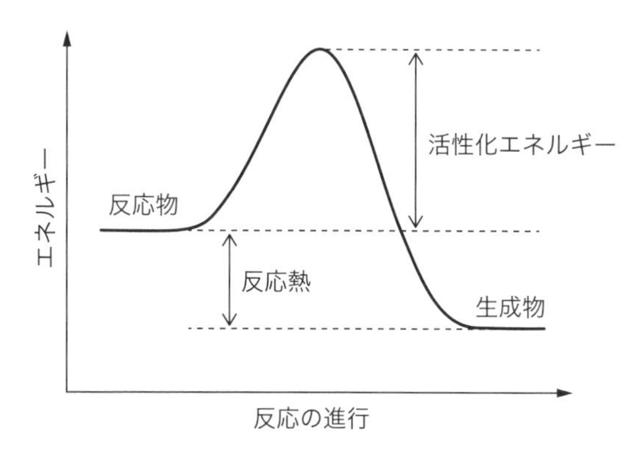

活性化エネルギーと反応熱

⑵ 触媒

化学反応において，反応の前後でそれ自身は変化しないが，その存在によって反応の速さを大きくする物質を [**触媒**] という．また，触媒によって影響を受ける反応を [**触媒反応**] という．通常は触媒の作用によって反応は速くなるが，反応速度を低下させる触媒もある．そこで，反応を速くする触媒を正触媒，遅くする触媒を不触媒という．正触媒を用いると，活性化エネルギーが小さくなるので，反応速度は大きくなる．

⑶ 化学平衡

化学反応において，左辺から右辺に反応が進行するものを正反応，右辺から左辺に反応が進行するものを逆反応といい，どちらの方向にも進行する反応を [**可逆反応**] という．また，逆反応が起こらず，正反応のみの一方向にしか進まない反応を [**不可逆反応**] という．

可逆反応において，正反応の反応速度と逆反応の反応速度が等しいとき，反応は見かけ上，止まった状態となる．これを [**化学平衡**] の状態又は [**平衡状態**] という．

⑷ ルシャトリエの原理

一般に，可逆反応が平衡状態にあるとき，その条件（濃度，温度，圧力等）を変化させると，その条件による影響を小さくする方向に反応が進み，あらたな平衡状態となる．

ここで問題!!

アンモニアの合成反応が下記のようだとすると，アンモニアを製造するためには，窒素又は水素の濃度，温度，圧力をそれぞれどのようにすれば良いか．

$$3\,H_2 + N_2 \rightleftarrows 2\,NH_3 + 92\ \mathrm{kJ}$$

<解答と解説>

水素又は窒素のいずれかの濃度を高くする．

反応物の濃度を高くすると，その濃度を低くしようとする方向に反応が進行する．

温度を低くする．

発熱反応なので，温度を低くすると，発熱しようとする方向に反応が進行する．

圧力を高くする．

3 molの水素と1 molの窒素（合計4 molの反応物）から2 molのアンモニアが生成するため，正反応が起こると容積は減少する．すなわち，容積を減らすためには圧力を高くすれば良い．

1.11 空気の性質

乾燥空気中の成分は，窒素（N_2）約78 %，酸素（O_2）約21 %，アルゴン（Ar）約1 %，二酸化炭素（CO_2）約0.04 %等から構成されている．

通常の空気には，この他に水蒸気が含まれる．

(1) 湿度

[湿度]とは，空気中に含まれる水蒸気の量をいう．一般的に湿度の単位は[%]を用いるが，これは**[相対湿度]**といわれ，水蒸気圧と飽和水蒸気圧の比を百分率で表したものである．すなわち，湿度100 %では結露が生じる．ほかにも，空気1 m^3あたりの水蒸気の質量を表した**[絶対湿度]**があり，[g/m^3]という単位で表す．いずれも，湿度の値が小さいほど乾燥しやすい．

また，静電気は湿度が低いときに発生，蓄積しやすいので，静電気の発生，蓄積を防止するためには，湿度を高めることが効果的である．

Oneポイント アドバイス!!

湿度が低い　→　静電気は発生・蓄積しやすい
湿度が高い　→　静電気は発生・蓄積しにくい

⑵　酸素の性質

常温常圧（20 ℃，１気圧）の下で，酸素は無色・無臭の気体として存在する．分子式はO_2と表す．酸素の蒸気比重は約1.1で，空気より少し重い．また，酸素自身は不燃性であるが，可燃物の燃焼を助ける働きをする．

酸素は空気中に約21 ％存在するが，18 ％未満になると［**酸素欠乏症（酸欠）**］となる．一般的に酸素濃度を高くすると燃焼速度は増加し，酸素濃度を低くすると燃焼速度は低下する．このため，消火には酸素濃度を低くすることが効果的であるが，酸欠に注意が必要である．

⑶　二酸化炭素と一酸化炭素の性質

（ⅰ）二酸化炭素

常温常圧（20 ℃，１気圧）の下で，二酸化炭素は無色・無臭の気体として存在するが，－79 ℃まで冷却すると昇華して固体となる．この固体が［**ドライアイス**］である．分子式はCO_2と表す．二酸化炭素の蒸気比重は約1.5で，空気より［**重い**］．また，二酸化炭素自身は［**不燃性**］であり，空気より重いという性質から，消火剤としても用いられる．ただし，毒性はないが，酸欠に注意が必要である．

二酸化炭素は有機物（ガソリン等）を完全燃焼させた際に生成することから，地球温暖化の原因物質として環境問題になっている．

（ⅱ）一酸化炭素

常温常圧（20 ℃，１気圧）の下で，一酸化炭素は無色・無臭の気体として存在する．分子式はCOと表す．一酸化炭素の蒸気比重は約0.97で，空気より少し［**軽い**］．また，一酸化炭素自身は［**可燃性**］で，非常に［**有毒**］である．

一酸化炭素は有機物を不完全燃焼させた際に生成することから，曝露（ばくろ）による一酸化炭素中毒にも注意が必要である．

Oneポイント アドバイス!!

	二酸化炭素	一酸化炭素
蒸気比重	空気より重い	空気より軽い
可燃性	不燃性	可燃性
毒　性	無　毒	有　毒

※二酸化炭素は不燃物であるが，一酸化炭素は可燃物.

1.12 金属の性質

物質は有機物と無機物に分類され，さらに無機物は金属と非金属に分類される.

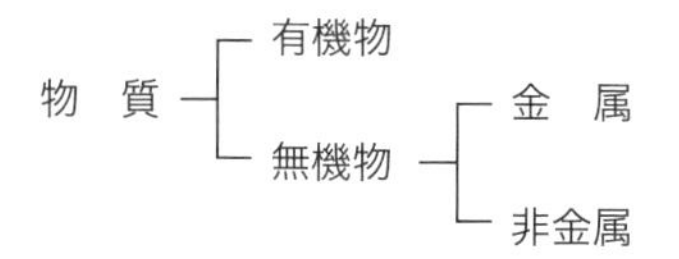

(1) 軽金属と重金属

比重が４～５以下の金属を［**軽金属**］，比重が４～５以上の金属を［**重金属**］という.

軽金属にはマグネシウム Mg（比重 1.74），アルミニウム Al（比重 2.7），チタン Ti（比重 4.54），アルカリ金属（ナトリウム Na，カリウム K等），アルカリ土類金属（カルシウム Ca，バリウム Ba等）等がある.

一方，重金属はそれ以外の金属であり，亜鉛 Zn（比重 7.13），スズ Sn（比重 7.31），鉄 Fe（比重 7.87），ニッケル Ni（比重 8.9），銅 Cu（比重 8.96）等がある.

(2) 金属の特徴と性質

一般的に，金属には次のような特徴や性質がある.

（i）電気や熱の良導体である

電気や熱をよく通す.

Oneポイント アドバイス!!

銀の電気抵抗率が最も低い（最も電気を通しやすい）．
銀の熱伝導率が最も低い（最も熱を伝えやすい）．

(ii)　展性や延性に優れる

展性：圧力をかけると，破壊されることなく箔（アルミ箔や金箔等）になる性質

延性：引き延ばすと，破断されることなく針金状になる性質

(iii)　一般的に常温（20 ℃）で固体である

例外として，常温で液体の金属もある（例：水銀）．

(vi)　一般的に比重は１より大きい（水より重い）

例外として，比重が１より小さい（水より軽い）金属もある（例：リチウム，ナトリウム，カリウム等）．

(v)　燃焼する金属が多く粉末状にするほど燃えやすい

空気（酸素）と接触する面積（表面積）が大きいほど，燃えやすくなる．

Oneポイント アドバイス!!

常温で液体の金属もあれば，水より軽い金属もある．また，水と反応して燃焼する金属もある．
金属は塊状では燃えないが，金属粉は燃えやすい．

(vi)　陽イオンになりやすい

金属が水溶液中で陽（＋）イオンになろうとする性質を［**イオン化傾向**］といい，イオン化傾向が大きい金属ほど反応しやすく，［**陽イオン**］になりやすい．

イオン化傾向

$K > Ca > Na > Mg > Al > Zn > Fe > Ni > Sn > Pb > (H_2) > Cu > Hg > Ag > Pt > Au$

※金（Au）が最も反応しにくく，陽イオンにもなりにくい．

(vii)　空気中で酸化されやすい

イオン化傾向のK～Naの金属は，[**室温**] で酸化される．

イオン化傾向のMg～Alの金属は，[**加熱**] により酸化される．

イオン化傾向のZn～Hgの金属は，[**強熱**] により酸化される．

イオン化傾向のAg～Auの金属は，空気中の [**酸素**] と直接反応しない．

(viii)　水と反応して水素ガスを発生する

イオン化傾向のK～Naの金属は，[**冷水**] と反応し，水素を発生する．

$2\ Na + 2\ H_2O \rightarrow 2\ NaOH + H_2 \uparrow$

イオン化傾向のMg～Feの金属は，[**沸騰水**] 又は [**高温の水蒸気**] と反応し，水素を発生する．

$Mg + 2\ H_2O \rightarrow Mg(OH)_2 + H_2 \uparrow$

イオン化傾向のNi～Auの金属は，水と直接反応しない．

(ix)　酸と反応する

イオン化傾向のK～Pbは塩酸や希硫酸等の [**希酸**] と反応し，水素ガスを発生する．

$Fe + 2\ HCl \rightarrow FeCl_2 + H_2 \uparrow$

イオン化傾向のCu～Agは硝酸や加熱した濃硫酸等の [**酸化力の強い酸**] と反応する．なお，発生するガスは酸によって異なる．

$Cu + 2\ H_2SO_4 \rightarrow CuSO_4 + 2\ H_2O + SO_2 \uparrow$

$Cu + 4\ HNO_3$（濃硝酸）$\rightarrow Cu(NO_3)_2 + 2\ H_2O + 2\ NO_2 \uparrow$

$3\ Cu + 8\ HNO_3$（希硝酸）$\rightarrow 3\ Cu(NO_3)_2 + 4\ H_2O + 2\ NO \uparrow$

イオン化傾向のPt～Auは [**王水**]（濃硝酸と濃塩酸の１：３の混合溶液）と反応して溶ける．

<table>
<tr><th></th><th>K</th><th>Ca</th><th>Na</th><th>Mg</th><th>Al</th><th>Zn</th><th>Fe</th><th>Ni</th><th>Sn</th><th>Pb</th><th>(H_2)</th><th>Cu</th><th>Hg</th><th>Ag</th><th>Pt</th><th>Au</th></tr>
<tr><td rowspan="3">空気</td><td colspan="3">室温で酸化</td><td colspan="13"></td></tr>
<tr><td colspan="5">加熱によって酸化</td><td colspan="11"></td></tr>
<tr><td colspan="13">強熱によって酸化</td><td colspan="3">反応しない</td></tr>
<tr><td rowspan="3">水</td><td colspan="3">冷水と反応</td><td colspan="13"></td></tr>
<tr><td colspan="4">沸騰水と反応</td><td colspan="12"></td></tr>
<tr><td colspan="7">高温水蒸気と反応</td><td colspan="9">反応しない</td></tr>
<tr><td rowspan="3">酸</td><td colspan="10">希酸（塩酸，希硫酸等）と反応</td><td colspan="6"></td></tr>
<tr><td colspan="14">酸化力の強い酸（濃硝酸，加熱した濃硫酸等）と反応※</td><td colspan="2"></td></tr>
<tr><td colspan="16">王水（濃硝酸：濃塩酸＝１：３）と反応</td></tr>
</table>

※Al，Fe，Ni は濃硝酸に溶けない．

One ポイント アドバイス!!

Al，Fe，Niの3種類の金属は希硝酸や王水に溶解するが，濃硝酸には溶けない．これは濃硝酸との接触により表面に酸化被膜が生成し，不働態化するためである．

⑶　アルカリ金属

アルカリ金属とは，周期表の第１族に属する元素のうち水素を除いた元素で，リチウム（Li），ナトリウム（Na），カリウム（K），ルビジウム（Rb），セシウム（Sc），フランシウム（Fr）がある．いずれも銀白色の軽金属であり，柔らかく，融点が低い．空気中の酸素で容易に酸化されるほか，冷水と反応して水素を発生する．

⑷　アルカリ土類金属

アルカリ土類金属とは，周期表の第２族に属する元素のうちベリリウム及びマグネシウムを除いた元素で，カルシウム（Ca），ストロンチウム（Sr），バリウム（Ba），ラジウム（Ra）がある．いずれも銀白色（ラジウムは白色）の金属であり，密度はアルカリ金属の次に小さい．反応性はアルカリ金属ほど激しくないが，冷水と反応して水素を発生する．

H																	He
Li	Be											B	C	N	O	F	Ne
Na	Mg											Al	Si	P	S	Cl	Ar
K	Ca	Sc	Ti	V	Cr	Mn	Fe	Co	Ni	Cu	Zn	Ga	Ge	As	Se	Br	Kr
Rb	Sr	Y	Zr	Nb	Mo	Tc	Ru	Rh	Pd	Ag	Cd	In	Sn	Sb	Te	I	Xe
Cs	Ba		Hf	Ta	W	Re	Os	Ir	Pt	Au	Hg	Ti	Pb	Bi	Po	At	Rn
Fr	Ra		Rf	Db	Sg	Bh	Hs	Mt	Ds	Rg							

アルカリ土類金属

アルカリ金属

1.13 無機化学の基礎

(1) 電解質と非電解質

様々な物質を水に溶解した水溶液に電気を通すと，電気が通るものと通らないものがある．このとき，電気を通すものを［**電解質**］，電気を通さないものを［**非電解質**］という．電解質とは水中で陽イオンと陰イオンに［**電離**］するもので，塩化ナトリウムや酢酸等がある．一方，非電解質とは水中でイオンを生成しないもので，エタノールや砂糖等がある．

(2) 酸

水溶液中で電離し，［**水素イオン**］(H^+) を生成する物質を［**酸**］という．酸の薄い水溶液は酸味を有し，青色のリトマス紙を赤色に変える等の性質をもつ．このような性質を［**酸性**］という．

水溶液中の電解質の全物質量に対する電離した電解質の物質量の比を［**電離度**］という．酸の強弱はこの電離度の大きさによって決まり，電離度の大きい酸を［**強酸**］，電離度の小さい酸を［**弱酸**］という．すなわち，強酸は水素イオンを生成しやすく，弱酸は水素イオンを生成しにくい．

例えば，硝酸や硫酸は強酸であり，酢酸や硫化水素は弱酸である．

⑶ 塩基

水溶液中で電離し，［**水酸化物イオン**］(OH^-) を生成する物質を［**塩基**］という．塩基の薄い水溶液は苦味を有し，赤色のリトマス紙を青色に変える等の性質をもつ．このような性質を［**塩基性**］又は［**アルカリ性**］という．

塩基の強弱は［**電離度**］の大きさによって決まり，電離度の大きい塩基を［**強塩基**］，電離度の小さい塩基を［**弱塩基**］という．すなわち，強塩基は水酸化物イオンを生成しやすく，弱塩基は水酸化物イオンを生成しにくい．

例えば，水酸化ナトリウム（苛性ソーダ）や水酸化カリウム（苛性カリ）は強塩基であり，アンモニアや炭酸水素ナトリウム（重曹）は弱塩基である．

⑷ 中和

酸（HA）の水溶液と塩基（BOH）の水溶液を混合すると，酸の水素イオン (H^+) と塩基の水酸化物イオン (OH^-) が反応し，水 (H_2O) が生成する．

$$H^+ + OH^- \rightarrow H_2O$$

一方，酸を構成していた陰イオン (A^-) と塩基を構成していた陽イオン (B^+) が反応し，塩（BA）が生成する．

$$A^- + B^+ \rightarrow BA$$

このように，酸と塩基を反応させて，［**水**］と［**塩**］が生成する反応を［**中和**］という．中和反応では，［**中和熱**］が発生するので注意が必要である．

$$HA + BOH \rightarrow H_2O + BA$$

例：硫酸と水酸化ナトリウムの中和反応

$$H_2SO_4 + 2\,NaOH \rightarrow 2\,H_2O + Na_2SO_4$$

⑸ 塩

塩とは陽イオンと陰イオンが結合した化合物であり，必ずしも中和によって得られるとは限らない．また，塩には正塩，酸性塩，塩基性塩がある．

(i)　正塩

化学式の中に，酸のH^+も塩基のOH^-も含まない塩を**[正塩]**という．例えば，塩酸と水酸化ナトリウムの中和によって得られる塩化ナトリウムがこれに当たる．

$$HCl + NaOH \rightarrow H_2O + NaCl$$（正塩）

(ii)　酸性塩

化学式の中に酸のH^+を含む塩を**[酸性塩]**という．例えば，硫酸を水酸化ナトリウムで中和するとき，すべての硫酸を中和すると正塩である硫酸ナトリウムを生成するが，水酸化ナトリウムが不足すると，酸性塩の硫酸水素ナトリウムを生成する．

$$H_2SO_4 + 2\ NaOH \rightarrow 2\ H_2O + Na_2SO_4$$（正塩）

$$H_2SO_4 + NaOH \rightarrow H_2O + NaHSO_4$$（酸性塩）

(iii)　塩基性塩

化学式の中に塩基のOH^-を含む塩を**[塩基性塩]**という．例えば，水酸化カルシウムを塩酸で中和するとき，すべての水酸化カルシウムを中和すると正塩である塩化カルシウムを生成するが，塩酸が不足すると，塩基性塩の塩化水酸化カルシウムを生成する．

$$Ca(OH)_2 + 2\ HCl \rightarrow 2\ H_2O + CaCl_2$$（正塩）

$$Ca(OH)_2 + HCl \rightarrow H_2O + CaCl(OH)$$（塩基性塩）

(6)　水素イオン指数（pH）

酸性や塩基性（アルカリ性）の程度を表す指標として，**[水素イオン指数]**（pH）（ピーエイチ又はペーハー）がある．pHは水溶液中の水素イオン濃度の大きさを示すもので，次のように定義される．

$$pH = -\log[H^+] \qquad ([H^+]：水素イオン濃度\quad [mol/L])$$

酸性でも塩基性（アルカリ性）でもないものを**[中性]**といい，pH = **[7]**となる．また，酸性では$pH < 7$となり，塩基性（アルカリ

性）ではpH＞7となる．pHは0から14までの数値で表すことから，pHが0に近いほど酸性が強く，pHが14に近いほど塩基性（アルカリ性）が強い．

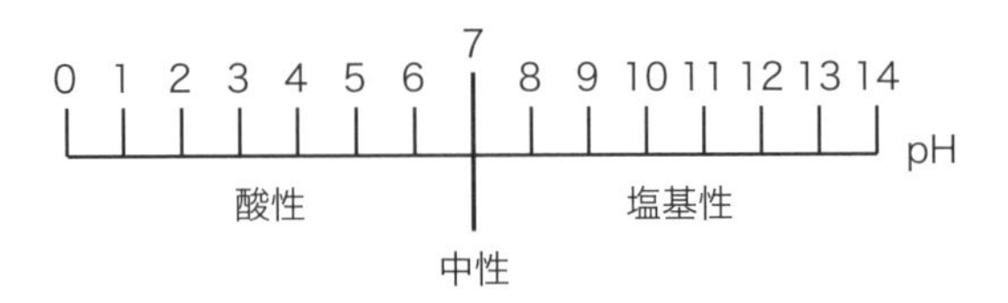

ここで問題!!

0.01 mol/Lの塩酸のpHはいくらか．ただし，塩酸の電離度を1とする．

<解答と解説>

塩酸の電離度が1ということは，水溶液中で塩酸（HCl）はH^+とCl^-に100％電離する．したがって，水溶液中の$[H^+]$（水素イオン濃度）は次のようになる．

$$[H^+] = 0.01\ \text{mol/L} = 1 \times 10^{-2}\ \text{mol/L}$$

$$\text{pH} = -\log[H^+] = -\log(1 \times 10^{-2}) = 2$$

参考

※対数計算の方法

$$\log 10^x = x \times \log 10 = x \quad (\log 10 = 1)$$

Oneポイント アドバイス!!

酸又は塩基の強弱は電離度によって決まる．
酸性又は塩基性（アルカリ性）の強弱はpHによって表す．

⑺ ハロゲン元素

フッ素（F），塩素（Cl），臭素（Br），よう素（I），アスタチン（At）を［ハロゲン］元素という．ハロゲンの単体は二原子分子で構成され，有色で有毒である．又ハロゲンの単体には酸化作用があり，その酸化力の強さは$F_2 > Cl_2 > Br_2 > I_2$の順で強い．さらに，ハロゲン化水素もすべて有毒で，室温では強い刺激臭を有する無色の気体である．

(8)　電池

電解質水溶液に異なる２種類の金属を接触させると，電流が流れる．これを［**電池**］といい，電子を放出する金属を［**負極**］，電子を受け取る金属を［**正極**］，電解質水溶液を［**電離液**］という．なお，イオン化傾向の小さい金属が正極，大きい金属が負極となり，電池の［**起電力**］は正極と負極のイオン化傾向の差が大きいほど大きくなる．

1.14　有機化学の基礎

単純な一部の炭素化合物（例えば，ダイヤモンド，一酸化炭素，二酸化炭素，炭酸カルシウム等）及び炭素以外の元素で構成される化合物を［**無機化合物**］という．一方，炭素原子を構造の基本骨格にもつ化合物を［**有機化合物**］という．

(1)　有機化合物の性質

(i)　構成元素

有機化合物は，炭素原子（C）を基本骨格とし，主に水素（H），酸素（O），窒素原子（N）等から構成され，他にも硫黄（S），りん（P），ハロゲン（F，Cl，Br，I等）等を含むものもある．有機化合物の構成元素の種類は［**少ない**］が，化合物の種類は非常に［**多い**］．

(ii)　化学結合

無機化合物は主にイオン結合と共有結合で結合しているが，有機化合物は主に［**共有結合**］で結合しており，［**分子**］でできている．また，融点や沸点は低いものが多いが，分子量が大きくなるほど，融点も沸点も高くなる．

(iii)　溶解性

一般的に有機化合物はアルコールやアセトン等の有機溶媒（有機化合物の溶媒）に溶けるものが多いが，水に溶けるものは少ない．また，水に溶けるものでも，電離するものは少なく，一般的に非電解質のものが多い．したがって，有機化合物は電気を通さないものが多いので，一般的に静電気を発生し，蓄積しやすい．プラスチックや化学繊維も有機化合物の１つであるので，同様に静電気を発生し，蓄積しやすい．

Oneポイント アドバイス!!

非電解質（電気を通さないもの）は静電気を発生・蓄積しやすい．
電解質（電気を通すもの）は静電気を発生・蓄積しにくい．

(iv)　可燃性

一般的に有機化合物は可燃性で，完全燃焼させると二酸化炭素と水蒸気（水）を生成する．また，不完全燃焼させると，一酸化炭素やすすを生じる．

例　$2\,C_6H_{14} + 19\,O_2 \rightarrow 12\,CO_2 + 14\,H_2O$

(2)　有機化合物の分類

(i)　炭化水素

炭素と水素のみから構成される有機化合物を **[炭化水素]** という．炭素と炭素の結合は単結合（C－C）の他，二重結合（C＝C）や三重結合（C≡C）もある．また，鎖状のものや環状のものもあり，構造の特徴によって分類されている．また，性質や構造が類似した一連の化合物を **[同族体]** という．

①　アルカン

C_nH_{2n+2} で構成される

結合はすべて単結合（一重結合）

例：エタン　　$CH_3 - CH_3$

② アルケン

C_nH_{2n} (n ≧ 2) で構成される

C＝C結合を含む

例：エチレン　　$CH_2 = CH_2$

③ アルキン

C_nH_{2n-2} (n ≧ 2) で構成される

C ≡ C結合を含む

例：アセチレン　　$CH \equiv CH$

④ 脂環式炭化水素（シクロアルカン）

C_nH_{2n} (n ≧ 3) で構成される

炭素と炭素の結合による環を１つ以上含む

例：シクロヘキサン

⑤ 芳香族炭化水素

一重結合と二重結合が交互に並んで１つ又は２つ以上の環を構成している

例：ナフタレン

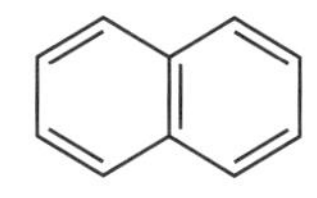

参考

※ベンゼンの化学

ベンゼンの構造は，次のように炭素と炭素の単結合と二重結合が交互に結合している．

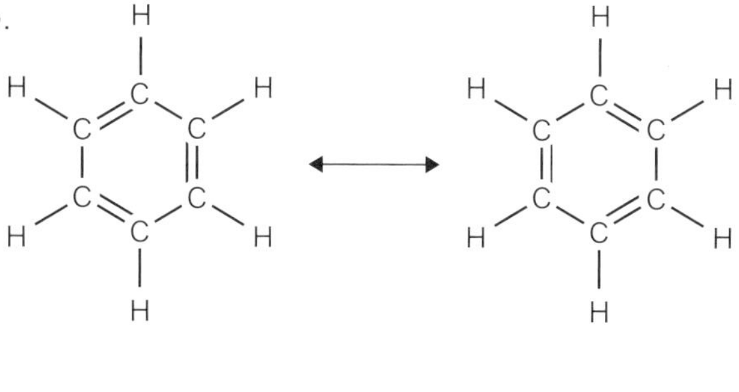

通常，ベンゼン環をかくときは，炭素と水素を省略することが多く，ベンゼンの構造は次のようにかくことができる．

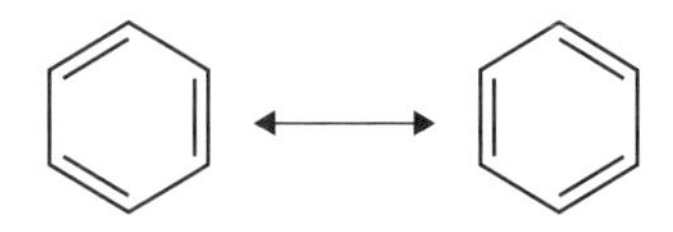

ベンゼンは単結合と二重結合を入れ替えた左右の構造を合わせて１つの構造を表すが，このテキストでは便宜上，片方しかかいていない．

(ii)　酸素を含む化合物

①　アルコール

炭化水素の水素原子（H）を**［ヒドロキシ基］**（OH）で置換した化合物を**［アルコール］**という．ヒドロキシ基は炭化水素基と共有結合で結合しているため，水中で水酸化物イオン（OH^-）を生成することはない．

分子中に1，2，3…個のヒドロキシ基を有するものを，それぞれ1，2，3…価アルコールという．また，ヒドロキシ基が２個以上のアルコールを多価アルコールという．

R－OH　（R：炭化水素基，OH：ヒドロキシ基）

例：メタノール（１価アルコール）　CH_3 — OH

エチレングリコール（２価アルコール）

CH_2　OH
HO　CH_2

グリセリン（３価アルコール）

CH_2　CH_2
HO　CH　OH
OH

ただし，消防法のアルコール類（第４類）の定義は，上記の学問上の定義とは異なるので，注意が必要である．

Oneポイント アドバイス!!

消防法では，主に「引火のしやすさ」によってアルコール類に分類するか否かを判断しており，引火性の高いものが危険物として定義されている．

② その他

炭素，水素，酸素の３種類の原子から構成される有機化合物には，アルコールの他にも，エーテル，アルデヒド，ケトン，カルボン酸，エステル，有機過酸化物等がある．

一般名	一般式	官能基		化合物の例
エーテル	R_1-O-R_2	-O-	エーテル結合	CH_3 O CH_3 CH_2 CH_2 （ジエチルエーテル）
アルデヒド	R－CHO	CHO	アルデヒド基	O C CH_3 H （アセトアルデヒド）
ケトン	$R_1-C(=O)-R_2$	C=O	カルボニル基	O C CH_3 CH_3 （アセトン）
カルボン酸	R－COOH	COOH	カルボキシ基	O C CH_3 OH （酢酸）
エステル	$R_1-COO-R_2$	-COO-	エステル結合	O C CH_2 CH_3 O CH_3 （酢酸エチル）
過酸化物	$R_1-O-O-R_2$	-O-O-	ペルオキシ基	O CH_3 C O CH_3 （ジメチルジオキシラン）

※一般式の R は炭化水素基を表している．

第2章 燃焼の基礎

2.1 燃焼の定義

酸化反応の１つに [**燃焼**] という反応があり，[**発熱**] と [**発光**] を伴う激しい化学反応である．すなわち，燃焼とは発熱と発光を伴う [**酸化反応**] と定義できる．したがって，炎の有無は燃焼に無関係であり，乾燥した木材が炎を上げて燃えるのも，木炭が赤くなって燃えるのも燃焼である．しかし，電熱器のニクロム線が赤熱するのは，酸化反応ではないので，燃焼とはいわない．また，鉄がさびるのは鉄の酸化反応で発熱を伴うが，発光は伴わないので，これも燃焼とはいわない．

One ポイント アドバイス!!

燃焼 ＝ 発熱 ＋ 発光 ＋ 酸化反応

参 考

木材と木炭はそれぞれセルロースと炭素で構成されているので，燃焼させると次のような酸化反応が起こる．

木材の燃焼　$(C_6H_{10}O_5)_n + 6n\ O_2 \rightarrow 6n\ CO_2 + 5n\ H_2O$

木炭の燃焼　$C + O_2 \rightarrow CO_2$

2.2 燃焼の三要素

物質を燃焼させるためには，燃えるものと酸素のほかに，酸化反応を起こさせるエネルギーが必要になる．これらは，それぞれ [**可燃物**]，[**酸素供給源**]，[**点火源**] といわれ，この３つを [**燃焼の三要素**] という．

燃焼させるためには，必ずこの燃焼の三要素が必要で，どれか１つ欠けても燃焼はできない．言い換えると，燃焼の三要素の１つを取り除けば消火する．

参考

燃焼を継続させるため，燃焼の三要素に燃焼の連鎖反応を加えた燃焼の四要素という考え方もある．

⑴　可燃物

［**可燃物**］とは燃えるものであり，酸化されやすい性質をもつ．ほとんどの有機化合物は可燃物であり，例えば，ガソリン，灯油，軽油，アルコール，木材，プラスチック，紙等は，すべて有機化合物の可燃物である．

また，無機化合物としては一酸化炭素等が可燃物であり，鉄粉やアルミニウム粉等の金属粉も可燃物である．

⑵　酸素供給源

燃焼に必要な酸素を供給するものを［**酸素供給源**］といい，一般的に空気中に含まれる酸素がこれにあたる．もちろん，酸素ボンベ中等の酸素ガスも酸素供給源となる．

上記のような単体や混合物中の酸素の他に，化合物中に含まれる酸素が酸素供給源となることがある．例えば，第１類危険物や第６類危険物は，それぞれ固体と液体の酸化剤であり，これらも酸素供給源の１つである．また，第５類危険物は，他から酸素の供給がなくても分子内に含む酸素で燃焼できる自己反応性物質であり，これも酸素供給源となる．すなわち，第１類，第５類，第６類危険物は，それ自身が酸素供給源となるため，空気や酸素がなくても可燃物を燃焼させることができる．

燃焼に必要な酸素濃度を［**限界酸素濃度**］という．限界酸素濃度は可燃物の種類によって異なる値を示すが，一般的な物質では約14～15％である．

⑶　点火源（熱源）

空気中に紙があっても，自然に燃えることはない．しかし，熱した鉄の棒を紙に接触させると，紙は燃焼する．このとき，熱した鉄棒は紙を発火させるためのエネルギー源であり，これを［**点火源**］又は［**熱源**］という．

点火源には，上記のような高温体の他に，各種の炎（ライター，マッチ，ろうそく等），摩擦や衝撃による熱，静電気や電気火花，酸化熱等がある．

Oneポイント アドバイス!!

酸化熱　　　　　：発熱反応
気化熱，融解熱：吸熱反応
したがって，気化熱や融解熱は点火源にならない．

2.3 燃焼の難易

燃焼のしやすさやしにくさは，次の因子等によって決まる．

(i)　酸化

燃焼とは発熱と発光を伴う酸化反応であることから，酸化しやすい物質ほど燃焼しやすい．

(ii)　表面積

酸化反応とは酸素との化合であることから，酸素との接触面積が大きいほど酸化反応は起こりやすい．すなわち，酸素との接触面積が大きいほど燃焼しやすい．

(iii)　発熱量（燃焼熱）

燃焼によって発生した熱は燃焼するためのエネルギーとなる．したがって，発熱量（燃焼熱）が大きいほど燃焼しやすい．

(iv)　熱伝導率

熱伝導率の大きいものは熱しやすいが冷めやすいので，熱が逃げやすく，温度が下がりやすい．一方，熱伝導率の小さいものは熱しにくいが冷めにくいので，熱が逃げにくく，温度が上がりやすい．したがって，熱伝導率が小さいほど燃焼しやすい．

(v)　可燃性ガス

加熱や燃焼によって，液体から可燃性ガスが蒸発したり，固体が熱分解等によって可燃性ガスを発生したりすると，可燃物の増加によって燃焼しやすくなる．したがって，可燃性ガスを発生しやすいものほど燃焼しやすい．

(vi)　乾燥

可燃物に含まれる水分が少ないほど（可燃物が乾燥しているほど）燃焼しやすい．また，空気中の湿度が低いほど（空気が乾燥しているほど）燃焼しやすい．

(vii)　温度

周囲の温度が高かったり可燃物自身の温度が高かったりすると，反応速度も増加するため，燃焼しやすい．

Oneポイント アドバイス!!

熱伝導率が小さいほど，熱が逃げにくい（冷めにくい）ので燃焼しやすい．

2.4 燃焼の形態

気体，液体，固体の違いによって，燃焼の形態も様々ある．

(1)　気体の燃焼

(i)　定常燃焼

ガスコンロの炎のような制御可能な燃焼を［**定常燃焼**］という．また，予め可燃性ガスと空気を混合し，この混合ガスを燃焼させるものを［**予混合燃焼**］，可燃性ガスと空気とをそれぞれ供給し，混合しながら燃焼させるものを［**拡散燃焼**］という．

(ii)　非定常燃焼（爆発燃焼）

密閉容器に可燃性ガスと空気の混合ガスを入れて点火すると，爆発的に燃焼する．このような制御できない燃焼を［**非定常燃焼**］又は［**爆発燃焼**］という．

⑵　液体の燃焼

液体自身が燃焼することはなく，液体から蒸発した蒸気と空気との混合ガスに点火することで燃焼する．これを［**蒸発燃焼**］といい，第４類危険物（ガソリン，灯油，軽油，重油，アルコール，動植物油等）はすべて蒸発燃焼によって燃焼する．

⑶　固体の燃焼

（i）　分解燃焼

プラスチック，ゴム，木材，石炭は有機化合物の中でも特に分子量が大きく，これらを総称して高分子化合物という．高分子化合物は加熱により熱分解し，低分子量の可燃性蒸気を生成する．この熱分解によって生成する可燃性蒸気が空気と混合して燃焼するため，［**分解燃焼**］という．

(ii)　自己燃焼（内部燃焼）

ニトロセルロースやセルロイドも分子量の大きい高分子化合物であり，熱分解によって生成した可燃性蒸気が燃焼するが，これらの物質が燃焼する際の酸素供給源は，自身がもっている酸素である．したがって，物質自身が有する酸素を用いて燃焼するものを，［**自己燃焼**］又は［**内部燃焼**］という．

(iii)　蒸発燃焼

可燃性固体を加熱したとき，熱分解することなく融解，蒸発し，その可燃性蒸気が空気と混合して燃焼することを［**蒸発燃焼**］という．蒸発燃焼する例として，硫黄やナフタレン（ナフタリン）がある．

(iv)　表面燃焼

可燃性固体に点火したとき，熱分解も蒸発もせず，その固体表面で燃焼することを［表面燃焼］という．表面燃焼する例として，木炭やコークス等がある．

One ポイント アドバイス!!

液体自身が燃えることはない．必ず，液体から蒸発した蒸気が燃焼する．
蒸発燃焼は液体だけでなく，固体にもある．
木材と木炭の燃焼形態は異なる．
分解しながら燃焼するものには２種類あり，自身がもつ酸素を用いて燃焼するのが自己（内部）燃焼，外部の酸素を用いて燃焼するのが分解燃焼である．

⑷　粉じん爆発

可燃性の粉末が一定濃度以上で空気中に浮遊するとき，ここに点火源が存在すると着火して爆発することがある．これを［粉じん爆発］といい，例として，金属粉（マグネシウム，亜鉛，アルミニウム，鉄等の粉末），小麦粉，デンプン，石炭粉等がある．

One ポイント アドバイス!!

固体は粉末状になることにより酸素との接触面積が増えるので，燃焼しやすくなる．

2.5 燃焼の条件

⑴　燃焼範囲

蒸発燃焼は液体から発生した蒸気と空気との混合ガスに点火することによって起こるが，燃焼が起こる可燃性蒸気と空気との割合は物質によって異なる．また，この混合割合には一定の範囲があることから，燃焼が起こる可燃性蒸気と空気との割合の範囲を［燃焼範囲］という．

燃焼範囲は可燃性蒸気と空気との混合物の体積に対する可燃性蒸気の体積を百分率で表し，単位は[vol%]（体積パーセント）で表す．また，このときの最低の濃度を［下限値］，最大の濃度を［上限値］といい，この範囲の濃度以外では燃焼が起こらない.

$$燃焼範囲[vol\%] = \frac{可燃性蒸気の体積}{可燃性蒸気の体積 + 空気の体積} \times 100$$

上記のことから，燃焼範囲が広いほど危険性は高く，燃焼範囲の下限値が小さいほど危険性は高くなることがわかる.

例：ガソリンの燃焼範囲　1.4 ～ 7.6 vol%
　　下限値：1.4 vol%
　　上限値：7.6 vol%

ここで問題!!

ガソリン蒸気と空気を次の割合で混合したとき，燃焼するものはどれか.

	ガソリン蒸気（L）	空気（L）
1	1	99
2	5	95
3	10	90

<解答と解説>

2のみが燃焼する.

1はガソリンの蒸気濃度が1 vol%なので，燃焼範囲の下限値より低いため，燃焼しない.
2はガソリンの蒸気濃度が5 vol%なので，燃焼範囲の範囲内にあるため，燃焼する.
3はガソリンの蒸気濃度が10 vol%なので，燃焼範囲の上限値より高いため，燃焼しない.

(2) 引火点

空気中で可燃性液体に点火源を近づけたとき，引火する最低の液温を **[引火点]** という．すなわち，可燃性液体の温度が引火点と同じ温度になったとき，液体表面には燃焼範囲の下限値の可燃性蒸気が発生している．したがって，可燃性液体の温度が引火点以下のとき，液体表面には燃焼範囲の下限値に相当する濃度の可燃性蒸気が存在しないため，燃焼は起こらない．

上記のことから，引火点が低いほど危険性が高いことがわかる．

例：灯油の引火点　　40 ℃
　　灯油の燃焼範囲　1.1～6.0 vol%

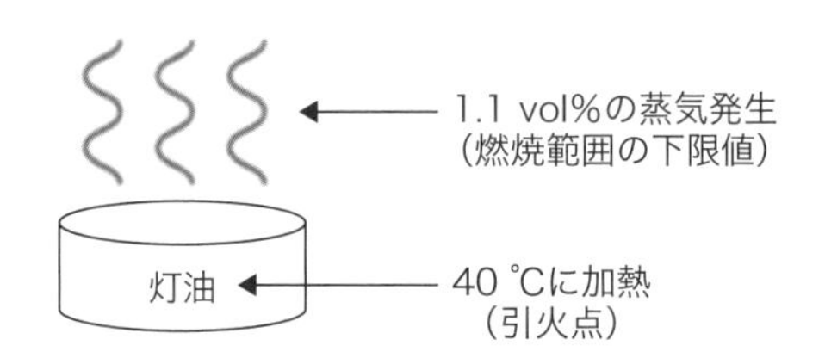

ここで問題!!

ガソリンの温度が下記のとき，液面にライターの炎を近づけた．燃焼するものには○，燃焼しないものには×と書け．ただし，ガソリンの引火点は－40 ℃以下である．

ガソリン温度［℃］	－60	－20	0	25
燃焼の可否				

<解答と解説>

ガソリン温度［℃］	－60	－20	0	25
燃焼の可否	×	○	○	○

※ガソリンの温度が－ 40 ℃以上であれば，液面に炎を近づけると燃焼する．

Oneポイントアドバイス!!

ガソリンの燃焼範囲は1.4 ～ 7.6 vol%で，引火点は－40 ℃以下であるので，ガソリンが－40 ℃のとき，ガソリン表面には1.4 vol%の蒸気が発生している．

⑶ 発火点

空気中で可燃性液体を加熱したとき，火気を近づけなくても自ら発火し，燃焼する最低の液温を［**発火点**］という．例えば灯油の発火点は220 ℃であることから，灯油を220 ℃以上に加熱すると，他から点火しなくても発火する．

上記のことから，発火点が低いほど危険性が高いことがわかる．

ここで問題！！

ある可燃性液体の引火点は－45 ℃，発火点は160 ℃である．
次の文章で，燃焼するものには○，燃焼しないものには × を書け．

（　）　この液体を－50 ℃に冷却し，液面にライターの炎を近づけた．
（　）　この液体を－40 ℃に冷却し，液面にライターの炎を近づけた．
（　）　この液体を150 ℃に加熱し，液面にライターの炎を近づけた．
（　）　この液体を160 ℃に加熱した．

<解答と解説>

（×）　この液体を－50 ℃に冷却し，液面にライターの炎を近づけた．
（○）　この液体を－40 ℃に冷却し，液面にライターの炎を近づけた．
（○）　この液体を150 ℃に加熱し，液面にライターの炎を近づけた．
（○）　この液体を160 ℃に加熱した．
※この液体の温度が－ 45 ℃以上であれば，液面に炎を近づけると燃焼する．
※この液体の温度が 160 ℃以上であれば，近くに炎がなくても燃焼する．

⑷ 燃焼点

継続して燃焼するために必要な最低の液温を［**燃焼点**］という．

2.6 自然発火

⑴ 自然発火とは

一部の可燃性物質には，空気中に放置しておくだけで勝手に発火し，燃焼するものがある．このような空気中で自然に発火する現象を［自然発火］という．

すなわち，自然発火とは他から点火源を与えられなくても空気中で自然に［発熱］し，その熱が長時間にわたって［蓄積］され，やがて液温が［発火点］に達し，自然に燃焼を起こす現象である．

⑵ 自然発火を起こす物質とその原因

自然発火を起こす物質と主な発熱の原因は次の通りである．

自然発火を起こす物質	状態（常温・常圧）	主な発熱の原因
セルロイド（第5類） ニトロセルロース（第5類）	固　体 固　体	分解熱
アマニ油，キリ油等（第4類） 黄りん（第3類） 石炭	液　体 固　体 固　体	酸化熱
ゴム粉	固　体	
活性炭 炭素粉末	固　体 固　体	吸着熱
スチレン（第4類）	液　体	重合熱

Oneポイント アドバイス!!

引火点や発火点とは，その液体の温度（液温）を表している．すなわち，周囲の温度や室温は無関係なので，液温が何℃であるかのみに注目する．

2.7 混合・混触による危険

２種類以上の物質を混合又は混触することにより，発火又は爆発の危険性が生じることを［**混合危険**］という．

(1) 酸化性物質と還元性物質

酸化性物質自体（第１類又は第６類危険物）は不燃性であるが，可燃性あるいは引火性である還元性物質（第２類又は第４類危険物）は酸化されやすく，還元性物質が酸化されることによって燃焼する．この組み合わせの中には，混合によって直ちに発火するもの，発熱後しばらくしてから発火するもの，混合物に加熱や衝撃を与えることで発火するもの等が含まれる．以下に組み合わせの例を示す．

酸化性物質	還元性物質
塩素酸カリウム （第1類危険物）	硫黄，赤りん （第2類危険物）
硝酸カリウム （第1類危険物）	赤りん （第2類危険物）
無水クロム酸 （第1類危険物）	エタノール （第4類危険物）
過マンガン酸カリウム （第1類危険物）	グリセリン （第4類危険物）
発煙硝酸 （第6類危険物）	二硫化炭素 （第4類危険物）

(2) 酸化性塩類と強酸

化学反応によって強い酸化力を有する物質を生成し，可燃物を発火させたり，それ自体が分解して爆発したりすることがある．以下に組み合わせの例を示す．

酸化性塩類	強酸の種類	生成物
塩素酸カリウム （第1類危険物）	硫　酸	五酸化二塩素
過マンガン酸カリウム （第1類危険物）	硫　酸	七酸化二マンガン
重クロム酸カリウム （第1類危険物）	硫　酸	無水クロム酸 （第1類危険物）

⑶　爆発性物質の生成

化学反応によって極めて敏感な爆発性物質を生成することがある．以下に組み合わせの例を示す．

物質1	物質2	生成物
アンモニア	塩　素	三塩化窒素
アンモニア	塩素酸カリウム （第1類危険物）	塩素酸アンモニウム （第1類危険物）
アンモニア	よう素	三よう化窒素

⑷　水との接触

水や空気中の湿気との反応によって水素ガスを発生し，この反応熱が水素ガスに着火することがある．以下に組み合わせの例を示す．

危険物の種別	危険物の品名
第2類危険物	アルミニウム粉 マグネシウム粉
第3類危険物	ナトリウム カリウム

第3章 消火の基礎

3.1 消火の原理

物質を燃焼させるためには，燃焼の三要素がすべて必要であるが，どれか１つでも欠けると燃焼できない．すなわち，消火とは，燃焼の三要素のうち，どれか１つを取り除くことで可能である．

(1) 除去消火

燃焼の三要素のうち，[**可燃物**] を取り除くことによる消火方法である．

例１：ガスコンロの元栓を閉めて，ガスの供給を絶つ．

例２：ろうそくの炎に息を吹きかけ，可燃性蒸気を吹き飛ばす．

例３：山火事のとき，周囲の樹木を伐採して延焼を防ぐ．

(2) 窒息消火

燃焼の三要素のうち，[**酸素供給源**] を取り除くことによる消火方法である．

例１：可燃物が燃焼している容器にふたをして，空気を遮断する．

例２：燃焼している可燃物に砂や土をかけて，空気を遮断する．

例３：粉末，泡，二酸化炭素消火器等を用いて，空気を遮断する．

注意：自己燃焼又は内部燃焼できる物質は，空気がない状態でも自身の酸素で燃焼できるため，窒息消火は効果がない．

One ポイント アドバイス!!

空気中の酸素濃度は約21 %であるが，この酸素濃度を限界酸素濃度以下まで低下させることで，燃焼は継続できなくなる．一般的な物質の酸素限界濃度は約14～15 %であることから，これ以上に酸素濃度を低下させれば消火できる．すなわち，窒息消火するためには，すべての酸素を取り除く必要はない．

(3) 冷却消火

燃焼の三要素のうち，[**点火源**]，すなわち [**熱**] を取り除くことによる消火方法である．

例１：燃焼している可燃物に水をかけて冷却する．

例２：強化液消火器等を用いて冷却する．

Oneポイント アドバイス!!

水は比熱が大きいため，水の温度を上げるために周囲の熱を奪いやすい．
水は蒸発熱（気化熱）が大きいため，水を蒸発させるための吸熱量も大きい．

⑷　抑制消火（負触媒消火）

燃焼の四要素となる“燃焼の連鎖反応”を断ち切ったり，**[抑制]** したりすることによる消火方法である．

例１：ハロゲン化物消火器を用いて連鎖反応を抑制する．

例２：炭酸水素ナトリウム（重曹）消火器を用いて連鎖反応を抑制する．

3.2 消火設備

消火設備は政令の別表第５で第１種から第５種に区分されている．

第1種消火設備（屋内・屋外消火栓）	屋内消火設備 屋外消火設備
第2種消火設備	スプリンクラー設備
第3種消火設備（固定式消火設備）	水蒸気消火設備 水噴霧消火設備 泡消火設備 二酸化炭素消火設備 ハロゲン化物消火設備 粉末消火設備
第4種消火設備	大型消火器
第5種消火設備	小型消火器 水バケツ又は水槽 乾燥砂

⑴　第１種消火設備

屋内消火設備と屋外消火設備があり，いずれも人が操作する消火設備である．

屋内消火栓設備は屋内に設置する設備で，水源，加圧送水装置，起動装置，消火栓，配管・弁類，非常電源等から構成されている．屋外消火栓設備は建物の周辺に設置される設備で，外部より消火する目的で使用される．設備の構成は同様であるが，屋内消火設備よりも消火能力は大きい．

⑵　第２種消火設備

スプリンクラー設備のことであり，火災感知から放水までを自動的に行う設備である．

防火対象物の天井又は屋根下部分に設置する設備で，水源，加圧送水装置，自動警報装置，スプリンクラーヘッド，送水口，配管・弁類，非常電源等から構成されている．

⑶　第３種消火設備

水噴霧消火設備，泡消火設備，二酸化炭素消火設備，ハロゲン化物消火設備，粉末消火設備等がある．

水噴霧消火設備はスプリンクラー設備と同様の設備であるが，スプリンクラーヘッドを噴霧ヘッドとしており，水を噴霧することにより消火する．

泡消火設備は水による消火方法が適さない場所に設置する設備で，水源，加圧送水装置，泡消火薬剤貯蔵槽，混合器，自動警報装置，フォームヘッド，感知ヘッド，配管・弁類，非常電源等から構成されている．

二酸化炭素消火設備は二酸化炭素を放出し，酸素濃度を低下させて消火する設備である．消火剤による汚損が少ないが，酸欠（酸素欠乏症）に対する注意が必要である．

ハロゲン化物消火設備の構成や設置対象物は，二酸化炭素消火設備とほぼ同じである．

粉末消火設備の構成や設置対象物は，二酸化炭素消火設備とほぼ同じであるが，粉末を噴出するための加圧が必要である．

⑷　第４種消火設備

棒状の水又は強化液，霧状の水又は強化液，泡，二酸化炭素，ハロゲン化物，消火粉末を放射する大型の消火器で，移動できるように車輪が取り付けてある．

⑸　第５種消火設備

棒状の水又は強化液，霧状の水又は強化液，泡，二酸化炭素，ハロゲン化物，消火粉末を放射する小型の消火器のほか，水バケツ，水槽，乾燥砂がある．

3.3 消火剤

消火器の中には水をはじめとして様々な消火剤が充填されており，消火剤の種類によって消火の作用も異なる．また，火災の原因も様々で，可燃物の種類や火災原因によって適切な消火剤や消火設備を選択する必要がある．

⑴　火災の種類と対応できる消火器

火災には［普通］火災，［油］火災，［電気］火災があり，それぞれＡ火災，Ｂ火災，Ｃ火災という．また，消火器には対応可能な火災の種類が色別に示されている．

火災の種類	火災の内容	消火器の標識
普通火災（Ａ火災）	木材や紙等の火災	白地の○に黒文字
油火災　（Ｂ火災）	ガソリンや灯油等の火災	黄色地の○に黒文字
電気火災（Ｃ火災）	電線やモーター等の火災	青地の○に白文字

⑵　消火器の消火剤

(i)　水（消火剤）

水は比熱や蒸発熱（気化熱）が大きいことから周囲の熱を奪いやす

く，主に［**冷却**］効果によって消火する．また，水が蒸発することによって生成する水蒸気は，燃焼物の周囲を覆うことで酸素濃度を低下させるため，［**窒息**］による効果も得られる．さらに，水は安価で毒性もなく，身近で入手が可能なことから，消火剤として用いやすいという特徴も有する．

注水方法としては，棒状で放射する場合と霧状で噴霧する場合があり，火災によって使い分けている．例えば普通火災（Ａ火災）には［**棒状**］の水を放射しても，［**霧状**］の水を噴霧しても，どちらも［**冷却**］と［**窒息**］の効果による消火が可能である．しかし，電気火災（Ｃ火災）に［**棒状**］の水を放射すると，［**感電**］する恐れがあるため，使用できない．ただし，［**霧状**］の水を噴霧する方法であれば，電気火災（Ｃ火災）にも適応できる．

油火災（Ｂ火災）においては，いずれの注水方法も不可である．一般的に，油は水より軽く水に溶けないため，水に浮く．このため，燃焼している油に注水すると，油は燃焼したまま水に浮き，水が流れるとともに燃焼した油も流れていく．結果として，燃焼した油に注水すると，延焼の危険性が大きくなることから，油火災（Ｂ火災）に［**注水**］消火は厳禁である．

⒤　強化液

炭酸カリウム等のアルカリ金属塩等を溶解した濃厚水溶液は，水の消火能力をさらに高めた消火剤として使用されている．また，水との相違点として次のようなことが挙げられる．

Ⅰ．アルカリ金属塩等の化学的作用により，消火後の［**再燃防止**］効果がある．

Ⅱ．凝固点が－20 ℃以下なので，寒冷地での使用が可能である．

Ⅲ．［**霧状**］で噴霧することにより，油火災（Ｂ火災）にも適応できる．

ただし，［**棒状**］で放射したものは，水と同様に普通火災（Ａ火災）のみに適応する．

One ポイント アドバイス!!

水消火剤と強化液消火剤は，棒状で放射する場合と霧状で噴霧する場合とで，適応火災や消火効果が異なるので注意．

(iii)　泡

泡消火剤には化学泡と機械泡（空気泡）に大別される．

A．化学泡

化学泡は２種類の化合物を化学反応させることで生成する．一方には炭酸水素ナトリウム（重曹，$NaHCO_3$）を主成分としたもの，他方には硫酸アルミニウム（$Al_2(SO_4)_3$）を用い，それぞれを別々の水溶液にして消火器に充填しておく．使用時は，これを化学反応させて二酸化炭素を含む泡を発生させる．

$$6\,NaHCO_3 + Al_2(SO_4)_3 \rightarrow 6\,CO_2 + 2\,Al(OH)_3 + 3\,Na_2SO_4$$

発生した泡と二酸化炭素により，[**窒息**] 及び [**冷却**] による消火効果が得られる．また，この消火剤は普通火災（Ａ火災）及び油火災（Ｂ火災）に有効であるが，電気火災（Ｃ火災）には [**感電**] の危険性があるため，使用できない．

B．機械泡（空気泡）

機械泡（空気泡）は機械的に空気を内包したものであり，使用する薬剤によって [**非水溶性**] 液体用と [**水溶性**] 液体用に大別される．

非水溶性液体用はたん白泡と界面活性剤泡があり，いずれも化学泡と同様の効果が得られるので，[**窒息**] 及び [**冷却**] 効果により普通火災（Ａ火災）及び油火災（Ｂ火災）に適応できる．

水溶性液体用は水に可溶な可燃性（引火性）液体の火災時に使用する消火剤である．上記の泡消火剤は水溶性液体に触れると泡が消失するために [**窒息**] 効果が得られない．しかし，水溶性液体用泡消火剤は水溶性液体に触れても泡が消失しないため，他の泡消火剤と同様の消火作用が得られる．

One ポイント アドバイス!!

泡消火剤には，水溶性液体専用の泡消火剤があるので注意.

(iv)　ハロゲン化炭化水素（消火剤）

炭化水素の水素をハロゲン（フッ素，塩素，臭素等）で置換したものをハロゲン化炭化水素といい，消火剤として使用しているものもある．消火剤として使用されるハロゲン化炭化水素は不燃性で，常温常圧下では **[気体]** で存在し，空気より **[重い]**．このため，**[窒息]** や **[抑制]** による効果によって消火できる．油火災（Ｂ火災）や電気火災（Ｃ火災）に適応するが，普通火災（Ａ火災）には不適である.

なお，ハロゲン化炭化水素はオゾン層を破壊する原因物質であることが知られており，地球環境保護の観点から，現在では生産されていない.

(v)　二酸化炭素（消火剤）

二酸化炭素は不燃性で，常温常圧下では **[気体]** で存在し，空気より **[重い]**．このため，主に **[窒息]** による効果によって消火できる．また，放射時にドライアイスが生成するため，**[冷却]** による消火効果もある.

油火災（Ｂ火災）や電気火災（Ｃ火災）に適応するが，普通火災（Ａ火災）に対する効果は低い．また，金属火災では，金属が二酸化炭素を還元し，酸素供給源となることもあるので，使用できない.

One ポイント アドバイス!!

ハロゲン化炭化水素及び二酸化炭素は，いずれも空気より重い（蒸気比重＞１）ため，燃焼物を覆って窒息や抑制による効果で消火する.

(vi)　粉末

粉末消火剤はＢＣ消火剤とＡＢＣ消火剤に大別される．

Ａ．ＢＣ消火剤

ＢＣ消火剤の主成分は炭酸水素ナトリウム（$NaHCO_3$）である．炭酸水素ナトリウムは熱により分解し，二酸化炭素，炭酸ナトリウム，水が生成する．これらの熱分解生成物により，**［窒息］**や**［抑制］**による効果で消火できる．

$$2\,NaHCO_3 \rightarrow CO_2 + Na_2CO_3 + H_2O$$

油火災（Ｂ火災）と電気火災（Ｃ火災）に適応することから，この名称が用いられている．普通火災（Ａ火災）に対しても消火効果は示すが，再燃しやすいことから用いられない．

Ｂ．ＡＢＣ消火剤

ＡＢＣ消火剤の主成分はりん酸二水素アンモニウム（$NH_4H_2PO_4$）である．ＢＣ消火剤と区別するため，淡紅色に着色されている．りん酸二水素アンモニウムは熱分解により，正りん酸（H_3PO_4），ピロリン酸（$H_4P_2O_7$），メタリン酸（HPO_4）が生成する．これらの熱分解生成物により，**［窒息］**や**［抑制］**による効果で消火できる．

$$NH_4H_2PO_4 \rightarrow H_3PO_4 + NH_3$$

$$2\,H_3PO_4 \rightarrow H_4P_2O_7 + H_2O$$

$$H_4P_2O_7 \rightarrow 2\,HPO_4 + H_2O$$

普通火災（Ａ火災），油火災（Ｂ火災），電気火災（Ｃ火災）に適応することから，この名称が用いられている．

以上をまとめると，次頁の表のようになる．

状態	消火器の種類		消火剤の主成分	適応火災			消火効果	備考
				A	B	C		
液体	水	棒状	水	○	×	×	冷却	
		霧状		○	×	○		
	強化液	棒状	炭酸カリウム 水溶液	○	×	×	冷却	
		霧状		○	○	○	冷却 抑制	
泡	化学泡		炭酸水素ナトリウム ＋ 硫酸アルミニウム	○	○	×	窒息 冷却	水溶性 液体不可
	機械泡	非水溶性 液体用	たん白泡 界面活性剤泡	○	○	×	窒息 冷却	
		水溶性 液体用		○	○	×	窒息 冷却	水溶性 液体可
気体	ハロゲン化物		ハロゲン化 炭化水素	×	○	○	窒息 抑制	
	二酸化炭素		二酸化炭素	×	○	○	窒息 冷却	金属火災 不可
固体	粉末	ＢＣ	炭酸水素 ナトリウム	×	○	○	窒息 抑制	
		ＡＢＣ	りん酸二水素 アンモニウム	○	○	○	窒息 抑制	

Note

第３編
危険物の性質並びに
その火災予防及び消火の方法

第1章 危険物の概要

1.1 危険物の分類

危険物とは消防法で定められた物品であり，性質，火災予防，消火方法等から，第1類から第6類までの6つに類別されている．

類　別	性　質	状　態※	燃焼性
第1類危険物	酸化性固体	固　体	不燃性
第2類危険物	可燃性固体	固　体	可燃性
第3類危険物	自然発火性物質 禁水性物質	固体又は液体	可燃性 （一部不燃性）
第4類危険物	引火性液体	液　体	可燃性
第5類危険物	自己反応性物質	固体又は液体	可燃性
第6類危険物	酸化性液体	液　体	不燃性

※消防法における気体・液体・固体の定義

気　体：1気圧において，20 ℃で気体状のもの

液　体：1気圧において，20 ℃で液状のもの

　　　　1気圧において，20 ℃を超え，40 ℃以下の間で液状となるもの

固　体：気体又は液体以外のもの

1.2 危険物の定義

(1) 第1類危険物

［酸化性固体］の性質を有するものであって，酸化力の潜在的な危険性を判断するための試験結果，又は衝撃に対する敏感性を判断するための試験結果等から，危険物に該当すると判定されたものを第1類危険物という．

品　目	主なもの
塩素酸塩類	塩素酸カリウム，塩素酸ナトリウム，塩素酸アンモニウム
過塩素酸塩類	過塩素酸カリウム，過塩素酸ナトリウム， 過塩素酸アンモニウム
無機過酸化物	過酸化カリウム，過酸化ナトリウム， 過酸化カルシウム，過酸化バリウム，過酸化マグネシウム
亜塩素酸塩類	亜塩素酸ナトリウム
臭素酸塩類	臭素酸カリウム
硝酸塩類	硝酸カリウム，硝酸ナトリウム，硝酸アンモニウム
よう素酸塩類	よう素酸カリウム，よう素酸ナトリウム
過マンガン酸塩類	過マンガン酸カリウム，過マンガン酸ナトリウム
重クロム酸塩類	重クロム酸カリウム，重クロム酸アンモニウム
その他	過よう素酸ナトリウム，過よう素酸， 無水クロム酸，二酸化鉛，五酸化二よう素， 亜硝酸カリウム，亜硝酸ナトリウム， 次亜塩素酸カルシウム，三塩素化イソシアヌル酸， ペルオキソ二硫酸カリウム，ペルオキソほう酸アンモニウム

⑵　第２類危険物

［可燃性固体］の性質を有するものであって，火炎による着火の危険性を判断するための試験結果，又は引火の危険性を判断するための試験結果等から，危険物に該当すると判定されたものを第２類危険物という．

品　目	主なもの
硫化りん	三硫化りん，五硫化りん，七硫化りん
赤りん	赤りん
硫黄	硫黄
鉄粉	鉄粉
金属粉	アルミニウム粉，亜鉛粉
マグネシウム	マグネシウム
その他	現在定められていない
引火性固体	固形アルコール，ラッカーパテ，ゴムのり

⑶　第３類危険物

［自然発火性物質］及び［禁水性物質］の性質を有するものであって，空気中での発火の危険性を判断するための試験結果，又は水と接触して発火し，もしくは可燃性ガスを発生する危険性を判断するための試験結果等から，危険物に該当すると判定されたものを第３類危険物という．

品　目	主なもの
カリウム	カリウム
ナトリウム	ナトリウム
アルキルアルミニウム	トリエチルアルミニウム， ジエチルアルミニウムクロライド
アルキルリチウム	ノルマルブチルリチウム
黄りん	黄りん
アルカリ金属 （カリウム及びナトリウムを除く） 及びアルカリ土類金属	リチウム，カルシウム，バリウム
有機金属化合物 （アルキルアルミニウム 及びアルキルリチウムを除く）	ジエチル亜鉛
金属の水素化物	水素化ナトリウム，水素化リチウム
金属のりん化物	りん化カルシウム
カルシウム又はアルミニウムの炭化物	炭化カルシウム，炭化アルミニウム
その他	トリクロロシラン

⑷　第４類危険物

［引火性液体］の性質を有するものであって，引火の危険性を判断するための試験結果等から，危険物に該当すると判定されたものを第４類危険物という．また，１分子を構成する炭素の原子数が１から３個の飽和１価アルコールはアルコール類として，動物の脂肉等又は植物の種子，もしくは果実から抽出したもので，１気圧において引火点が250 ℃未満のものは動植物油類として，第４類危険物に該当する．

品　目	主なもの	
	非水溶性	水溶性
特殊引火物	ジエチルエーテル※，二硫化炭素	アセトアルデヒド， 酸化プロピレン
第1石油類	ガソリン，ベンゼン，トルエン， 酢酸エチル※，メチルエチルケトン※	アセトン，ピリジン
アルコール類		メタノール，エタノール， 1－プロパノール， 2－プロパノール
第2石油類	灯油，軽油，キシレン， クロロベンゼン，スチレン	酢酸，プロピオン酸， ノルマルブチルアルコール， アクリル酸
第3石油類	重油，クレオソート油，アニリン※， ニトロベンゼン	エチレングルコール， グリセリン
第4石油類	潤滑油（電気絶縁油，タービン油， モーター油） 可塑剤（フタル酸エステル類， りん酸エステル類）	
動植物油類	乾性油（アマニ油，キリ油，エノ油） 半乾性油（綿実油，ゴマ油，菜種油） 不乾性油（オリーブ油，ハーブ油， ヒマシ油）	

※：水にわずかに溶ける

⑸　第５類危険物

［自己反応性物質］の性質を有するものであって，爆発の危険性を判断するための試験結果，又は加熱分解の激しさを判断するための試験結果等から，危険物に該当すると判定されたものを第５類危険物という．

品　目	主なもの	
	常温で固体	常温で液体
有機過酸化物	過酸化ベンゾイル	メチルエチルケトンパーオキサイド 過酢酸
硝酸エステル類	ニトロセルロース	硝酸メチル 硝酸エチル ニトログリセリン
ニトロ化合物	ピクリン酸 トリニトロトルエン	
ニトロソ化合物	ジニトロソペンタメチレンテトラミン	
アゾ化合物	アゾビスイソブチロニトリル	
ジアゾ化合物	ジアゾジニトロフェノール	
ヒドラジンの誘導体	硫酸ヒドラジン	
ヒドロキシルアミン	ヒドロキシルアミン	
ヒドロキシルアミン塩類	硫酸ヒドロキシルアミン 塩酸ヒドロキシルアミン	
その他	アジ化ナトリウム 硝酸グアニジン	1−アリルオキシ−2,3−エポキシプロパン 4−メチレン−2−オキセタノン

⑹　第６類危険物

［酸化性液体］の性質を有するものであって，酸化力の潜在的な危険性を判断するための試験結果等から，危険物に該当すると判定されたものを第６類危険物という．

品　目	主なもの
過塩素酸	過塩素酸
過酸化水素	過酸化水素
硝酸	硝酸，発煙硝酸
その他	三ふっ化臭素，五ふっ化臭素，五ふっ化よう素

第1類危険物

2.1 共通の性質

⑴ 概要

それ自体は［不燃性］であるが，他の物質を強く［酸化］させる性質を有する［固体］である．

加熱，衝撃，摩擦等により分解して［酸素］を発生することから，周囲に可燃物が混在するときは燃焼を助長し，激しい燃焼を起こさせる．

⑵ 特徴

第1類危険物とは酸化性固体であり，次のような性質を有する．

・［無色］の結晶又は［白色］の粉末のものが多い．

・それ自体は不燃性である．すなわち，燃えない．

・構造中に［酸素］を含有しており，加熱，衝撃，摩擦等によって分解し，［酸素］を放出する．（この酸素が強酸化剤（酸素供給源）の役割を果たし，可燃物の燃焼を促進する）

・可燃物や有機物等の酸化されやすい物質と混合したものは，加熱，衝撃，摩擦等により［爆発］する危険性がある．

・アルカリ金属の過酸化物やこれらを含有するものは，水と反応して［酸素］と［熱］を発生する．

・潮解性を示すものは，潮解することによって紙や木材等に染み込むため，これらが乾燥することで［爆発］の危険性がある．

⑶ 火災予防

第1類危険物の火災予防は，次のように行う．

◆ 共通のもの

・衝撃，摩擦，火気，加熱等を避ける．

・可燃物や有機物等の酸化されやすい物質との接触を避ける．

・強酸類との接触を避ける．

・密封して冷暗所に保管する．

◆ **アルカリ金属の過酸化物やこれらを含有するもの**

水との接触を避ける．

◆ 潮解性を示すもの

防湿に注意する．

⑷ 消火方法

第１類危険物が関与する火災では，分解によって放出された酸素が燃焼を促進し，その燃焼熱がさらに分解を促進して激しく燃焼する．これらのことから，消火は次のように行う．

・大量に注水し，分解温度以下に冷却する（危険物の分解を抑制する）．

・アルカリ金属の過酸化物は水と激しく反応して酸素と熱を発生するため，次のように行う．

初　　期：粉末消火剤や乾燥砂で空気を遮断する．

中期以降：隣接する可燃物に注水して延焼を防止する．

　　　　　このとき，危険物に直接注水しないよう注意する．

One ポイント アドバイス!!

一般的に，第１類危険物の消火は大量の水を注水して冷却消火するが，アルカリ金属の過酸化物は水と反応するため，粉末消火剤や乾燥砂で窒息消火する．

2.2 塩素酸塩類（第１種酸化性固体，指定数量：50 kg）

塩素酸塩類とは，塩素酸（$HClO_3$）の水素原子（H）がアルカリ金属やアルカリ土類金属等の金属又は他の陽イオンと置き換わった化合物の総称で，下記のようなものがある．

いずれの化合物も不安定で，加熱，衝撃，摩擦等によって［**爆発**］する危険性がある．また，強酸の添加や可燃物との混合によっても［**爆発**］する危険性がある．

いずれの化合物も水と反応しないので，消火は［**注水**］による冷却消火によって行う．

	塩素酸カリウム	塩素酸ナトリウム	塩素酸アンモニウム
化学式	$KClO_3$	$NaClO_3$	NH_4ClO_3
形　状	光沢のある無色の結晶	無色の結晶	
比　重	2.3	2.5	2.4
融　点	368 ℃	248～261 ℃	—
熱分解	約400 ℃で分解し，さらに加熱で酸素を放出	約300 ℃以上で分解し，酸素を放出	100 ℃以上で分解し，爆発の危険性あり
溶解性	冷水に難溶，熱水に可溶 アルコールに微溶	水に可溶 アルコールに可溶	水に易溶 アルコールに難溶
潮解性	なし	あり	

※他にも塩素酸バリウム（$Ba(ClO_3)_2$）や塩素酸カルシウム（$Ca(ClO_3)_2$）等がある．

⑴　塩素酸カリウム　$KClO_3$（別名：塩素酸カリ，塩剥（えんぼつ，えんぽつ））

(i)　危険性

・強酸（硫酸，硝酸等）との接触により爆発する危険性がある．

・有機物，硫黄，金属粉，木炭，赤りん等の可燃物と混合したものは，加熱，衝撃，摩擦等により爆発する危険性がある．特に，硫黄や赤りん（第２類危険物）と混合したものは，わずかな刺激で爆発することがある．

(ii)　火災予防

・加熱，衝撃，摩擦等を避ける．

・強酸や可燃物との接触を避ける．

・密栓して冷暗所に保管する．

(iii)　消火方法

注水して分解温度以下に冷却する．

⑵　塩素酸ナトリウム　$NaClO_3$（別名：塩素酸ソーダ）

（i）危険性

・強酸（硫酸，硝酸等）との接触により，爆発する危険性がある．
・有機物，硫黄，木炭，赤りん等の可燃物と混合したものは，加熱，衝撃，摩擦等により爆発する危険性がある．
・塩素酸ナトリウムを溶かした溶液に布や木材等を浸し，それを乾燥させたものや，潮解した塩素酸ナトリウムが染み込んだ布や木材等を乾燥させたものは，加熱，衝撃，摩擦等により爆発する危険性がある．

（ii）火災予防

・加熱，衝撃，摩擦等を避ける．
・強酸や可燃物との接触を避ける．
・密栓して冷暗所に保管する．
・潮解性を有するため，湿気を避ける．

（iii）消火方法

注水して分解温度以下に冷却する．

⑶　塩素酸アンモニウム　NH_4ClO_3（別名：塩素酸アンモン）

（i）危険性

・不安定なので，常温でも爆発することがある．
・可燃物と混合したものは，加熱，衝撃，摩擦等により爆発する危険性がある．

（ii）火災予防

・加熱，衝撃，摩擦等を避ける．
・強酸や可燃物との接触を避ける．
・爆発性があるため，長く保存しない．
・潮解性を有するため，湿気を避ける．

(iii) 消火方法

注水して分解温度以下に冷却する.

2.3 過塩素酸塩類（第1種酸化性固体，指定数量：50 kg）

過塩素酸塩類とは，過塩素酸（$HClO_4$）の水素原子（H）がアルカリ金属やアルカリ土類金属等の金属又は他の陽イオンと置き換わった化合物の総称で，下記のようなものがある.

塩素酸塩類よりも安定であるが，有機物，硫黄，木炭粉末，りん等の可燃物と混合したものは，[**爆発**] することがある.

いずれの化合物も水と反応しないので，消火は [**注水**] による冷却消火によって行う.

	過塩素酸カリウム	過塩素酸ナトリウム	過塩素酸アンモニウム
化学式	$KClO_4$	$NaClO_4$	NH_4ClO_4
形　状	無色の結晶		
比　重	2.5	2.0	1.95
熱分解	約400 ℃以上で分解し，酸素を放出	約200 ℃以上で分解し，酸素を放出	150 ℃で分解し始め，約400 ℃で発火する
溶解性	水に難溶 アルコールにほぼ不溶	水に易溶 アルコールに可溶	水に可溶 アルコールに可溶
潮解性	なし	あり	なし

※他にも過塩素酸マグネシウム（$Mg(ClO_4)_2$）や過塩素酸カルシウム（$Ca(ClO_4)_2$）等がある.

(1) 過塩素酸カリウム　$KClO_4$（別名：過塩素酸カリ）

(i) 危険性

・危険性は塩素酸カリウムよりも低い.

・強酸（硫酸，硝酸等）に接触すると爆発の危険性がある.

・有機物等の可燃物や強酸との接触により爆発の危険性がある.

(ii) 火災予防

・加熱，衝撃，摩擦等を避ける.

・強酸や可燃物との接触を避ける．
・密栓して冷暗所に保管する．

(iii)　消火方法
注水して分解温度以下に冷却する．

(2)　過塩素酸ナトリウム　$NaClO_4$（別名：過塩素酸ソーダ）

(i)　危険性
・有機物等の可燃物と混合したものは，衝撃，摩擦等により爆発する危険性がある．
・過塩素酸ナトリウムを溶かした溶液に布や木材等を浸し，それを乾燥させたものや，潮解した過塩素酸ナトリウムが染み込んだ布や木材等を乾燥させたものは，加熱，衝撃，摩擦等により爆発する危険性がある．

(ii)　火災予防
・潮解性を有するため，湿気を避ける．
・上記の他は，過塩素酸カリウムと同じ．

(iii)　消火方法
注水して分解温度以下に冷却する．

(3)　過塩素酸アンモニウム　NH_4ClO_4（別名：過塩素酸アンモン）

(i)　危険性
・金属や有機物等の可燃物と混合したものは，衝撃，摩擦等により爆発する危険性がある．
・分解する際，多量のガスを発生するため危険である．

$$2\,NH_4ClO_4 \rightarrow N_2 + Cl_2 + 2\,O_2 + 4\,H_2O$$

One ポイント アドバイス!!

分解によって発生するガスには，酸素の他に有毒の塩素が含まれる.

(ii)　火災予防

過塩素酸カリウムと同じ.

(iii)　消火方法

注水して分解温度以下に冷却する.

2.4 無機過酸化物（第１種酸化性固体，指定数量：50 kg）

無機過酸化物とは，過酸化水素（H_2O_2）の水素原子（H）2個がアルカリ金属やアルカリ土類金属等の金属と置き換わった化合物で，金属と過酸化物イオン（O_2^{2-}）から構成される酸化物の総称である.

ここでは，アルカリ金属の過酸化物とその他の無機過酸化物に分けて詳細を述べる.

I　アルカリ金属の過酸化物

アルカリ金属の過酸化物は，［水］と反応して発熱し，酸素を発生することから，乾燥砂等を用いて窒息消火させる.

	過酸化カリウム	過酸化ナトリウム
化学式	K_2O_2	Na_2O_2
形　状	オレンジ色の粉末	黄白色の粉末（通常） 白色の粉末（純粋）
比　重	2.0	2.8
熱分解	約490 ℃以上で分解し，酸素を放出	約660 ℃以上で分解し，酸素を放出
潮解性	あり	なし
吸湿性	あり	

※他にも過酸化リチウム（Li_2O_2）等がある.

⑴　過酸化カリウム　K_2O_2（別名：過酸化カリ）

（ⅰ）危険性

・常温で水と反応して発熱し，酸素と水酸化カリウムを生成する．

$$2K_2O_2 + 2H_2O \rightarrow O_2 + 4KOH$$

大量に反応させると，爆発することもある．

・有機物等の可燃物と混合したものは，衝撃，摩擦等により爆発する危険性がある．

・皮膚を腐食する．

（ⅱ）火災予防

・加熱，衝撃，摩擦等を避ける．

・有機物等の可燃物から隔離する．

・密栓し，水や湿気と接触させない．

（ⅲ）消火方法

乾燥砂等で窒息消火する．

⑵　過酸化ナトリウム　Na_2O_2（別名：過酸化ソーダ）

（ⅰ）危険性

・常温で水と反応して発熱し，水酸化ナトリウムと過酸化水素（第６類危険物）を生成する．

$$Na_2O_2 + 2H_2O \rightarrow 2NaOH + H_2O_2$$

この過酸化水素は下記のように分解し，酸素を放出する．

$$2H_2O_2 \rightarrow 2H_2O + O_2$$

大量に反応させると，爆発することもある．

・有機物等の可燃物と混合したものは，衝撃，摩擦等により爆発する危険性がある．

・皮膚を腐食する．

（ⅱ）火災予防

過酸化カリウムと同じ．

(iii)　消火方法

過酸化カリウムと同じ.

II　その他の無機過酸化物

アルカリ土類金属の過酸化物の中にも, [水] や [熱湯] で分解して酸素を発生するものがあることから, 乾燥砂等を用いて窒息消火させる.

	過酸化カルシウム	過酸化バリウム	過酸化マグネシウム
化学式	CaO_2	BaO_2	MgO_2
形　状	無色の粉末	灰白色の粉末	無色の粉末
比　重	2.9	4.96	3
熱分解	275 ℃で分解し, 酸素を放出	高温に熱すると酸素を放出	加熱すると酸素を放出
溶解性	水に難溶	水に難溶 熱湯では分解して酸素を放出	水に不溶 水と反応して酸素を放出
潮解性	なし		

※他にも過酸化ストロンチウム (SrO_2) 等がある.

(1)　過酸化カルシウム　CaO_2 (別名：過酸化石灰)

(i)　危険性

・希酸に溶けて, 過酸化水素 (第６類危険物) を生成する.

例　$CaO_2 + 2\,HCl \rightarrow CaCl_2 + H_2O_2$

(ii)　火災予防

・加熱を避ける.

・希酸との接触を避ける.

・密栓して保管する.

(iii)　消火方法

乾燥砂等で窒息消火する.

⑵　過酸化バリウム　BaO_2（別名：過酸化重土，二酸化重土）

（i）危険性

・硫酸と反応し，過酸化水素（第６類危険物）と硫酸バリウムを生成する．

$$BaO_2 + H_2SO_4 \rightarrow H_2O_2 + BaSO_4$$

$$2\,H_2O_2 \rightarrow 2\,H_2O + O_2$$

（ii）火災予防

・加熱を避ける．

・酸との接触を避ける．

・密栓して保管する．

（iii）消火方法

乾燥砂等で窒息消火する．

⑶　過酸化マグネシウム　MgO_2（別名：過酸化マグネシア）

（i）危険性

・酸に溶けて過酸化水素（第６類危険物）を生成する．

（ii）火災予防

過酸化バリウムと同じ．

（iii）消火方法

乾燥砂等で窒息消火する．

2.5　亜塩素酸塩類（第２種酸化性固体，指定数量：300 kg）

亜塩素酸塩類とは，亜塩素酸（$HClO_2$）の水素原子（H）が金属又は他の陽イオンと置き換わった化合物の総称で，亜塩素酸ナトリウム等がある．

特に，重金属（銅や鉛）の亜塩素酸塩は熱や衝撃によって爆発的に分解する．

いずれの化合物も水と反応しないので，消火は［**注水**］による冷却消火によって行う．

	亜塩素酸ナトリウム
化学式	$NaClO_2$
形　状	無色の結晶性粉末（刺激臭）
比　重	2.5
熱分解	加熱により塩素酸ナトリウムと塩化ナトリウムに分解（360 ℃付近で酸素を放出） 一般の市販品は140 ℃以上で分解（酸素を放出）
溶解性	水に易溶
吸湿性	あり

※他にも亜塩素酸カリウム（$KClO_2$）や亜塩素酸銅（$Cu(ClO_2)_2$），亜塩素酸鉛（$Pb(ClO_2)_2$）等がある．

⑴　亜塩素酸ナトリウム　$NaClO_2$（別名：亜塩素酸ソーダ）

（i）危険性

・強酸と接触することにより，二酸化塩素（気体）を発生する．

例　$5\ NaClO_2 + 4\ HCl \rightarrow 4\ ClO_2 + 5\ NaCl + 2\ H_2O$

・直射日光や紫外線を当てると，二酸化塩素（気体）を発生する（二酸化塩素が高濃度（15 vol%）になると爆発する危険性がある）．

・有機物等の可燃物と混合したものは，わずかな刺激により爆発する危険性がある．

・鉄や銅（銅合金を含む）等を腐食する．

（ii）火災予防

・加熱，衝撃，摩擦等を避ける．

・強酸や可燃物の接触を避け，換気する．

・直射日光を避ける．

（iii）消火方法

・多量の水により注水消火する．

・泡消火剤，乾燥砂，粉末消火剤等による窒息消火も有効である．

・消火時に爆発する危険性がある．

2.6 臭素酸塩類（第2種酸化性固体，指定数量：300 kg）

臭素酸塩類とは，臭素酸（$HBrO_3$）の水素原子（H）が金属又は他の陽イオンと置き換わった化合物の総称で，臭素酸カリウム等がある．

水に溶けやすいものが多い．また，加熱により分解し，酸素を放出する．

いずれの化合物も水と反応しないので，消火は［**注水**］による冷却消火によって行う．

	臭素酸カリウム
化学式	$KBrO_3$
形　状	無色の結晶性粉末
比　重	3.27
融　点	約350 ℃
熱分解	370 ℃で分解し，酸素を放出
溶解性	水に可溶 アルコールに難溶

※他にも臭素酸ナトリウム（$NaBrO_3$）や臭素酸マグネシウム（$Mg(BrO_3)_2$），臭素酸バリウム（$Ba(BrO_3)_2$）等がある．

(1) 臭素酸カリウム　$KBrO_3$（別名：ブロム酸カリ）

(i) 危険性

・衝撃によって爆発することがある．

・有機物等の可燃物と混合したものは，加熱，衝撃，摩擦等により爆発する危険性がある．

(ii) 火災予防

・加熱，衝撃，摩擦等を避ける．

・強酸や可燃物との接触を避ける．

(iii) 消火方法

注水して分解温度以下に冷却する．

2.7 硝酸塩類（第２種酸化性固体，指定数量：300 kg）

硝酸塩類とは，硝酸（HNO_3）の水素原子（H）が金属又は他の陽イオンと置き換わった化合物の総称で，下記のようなものがある．

ほとんどの硝酸塩は水に溶ける．

いずれの化合物も水と反応しないので，消火は **[注水]** による冷却消火によって行う．

	硝酸カリウム	硝酸ナトリウム	硝酸アンモニウム
化学式	KNO_3	$NaNO_3$	NH_4NO_3
形　状	無色の結晶		
比　重	2.1	2.25	1.73
融　点	339 ℃	306 ℃	170 ℃
熱分解	400 ℃以上で分解し，酸素を放出	380 ℃以上で分解し，酸素を放出	約210 ℃で分解し，亜酸化窒素（有毒）と水を発生 さらに加熱で酸素を放出
溶解性	水に易溶 アルコールに難溶		水に易溶 アルコールに可溶
潮解性	なし	あり	あり
吸湿性	なし	あり	あり

※他にも硝酸バリウム（$Ba(NO_3)_2$）や硝酸銀（$AgNO_3$）等がある．

(1)　硝酸カリウム　KNO_3（別名：硝石）

(i)　危険性

- 加熱によって酸素を発生する．
- 可燃物と混合したものは，加熱，衝撃，摩擦等により爆発する危険性がある．

(ii)　火災予防

- 加熱，衝撃，摩擦等を避ける．
- 可燃物の混入を避ける．

(iii) 消火方法

注水して分解温度以下に冷却する.

(2) 硝酸ナトリウム　$NaNO_3$（別名：硝酸ソーダ，チリ硝石）

(i) 危険性

硝酸カリウムと同じ.

(ii) 火災予防

硝酸カリウムと同じ.

(iii) 消火方法

硝酸カリウムと同じ.

(3) 硝酸アンモニウム　NH_4NO_3（別名：硝酸アンモン，硝安）

(i) 危険性

硝酸カリウムと同じ.

(ii) 火災予防

硝酸カリウムと同じ.

(iii) 消火方法

硝酸カリウムと同じ.

2.8 よう素酸塩類（第２種酸化性固体，指定数量：300 kg）

よう素酸塩類とは，よう素酸（HIO_3）の水素原子（H）がアルカリ金属やアルカリ土類金属等の金属又は他の陽イオンと置き換わった化合物の総称で，下記のようなものがある.

塩素酸塩類と性質が似ており，加熱，衝撃，摩擦等によって［**爆発**］する危険性がある．また，強酸の添加や可燃物との混合によっても **[爆発]** する危険性がある．

いずれの化合物も水と反応しないので，消火は **[注水]** による冷却消火によって行う．

	よう素酸カリウム	よう素酸ナトリウム
化学式	KIO_3	$NaIO_3$
形　状	白色の結晶又は結晶性粉末	無色の結晶
比　重	3.9	4.3
熱分解	560 ℃で分解し，酸素を放出	425 ℃で分解し，酸素を放出
溶解性	冷水に難溶，熱水に可溶 アルコールに不溶	水に可溶 アルコールに不溶

※他にもよう素酸カルシウム（$Ca(IO_3)_2$）やよう素酸亜鉛（$Zn(IO_3)_2$）等がある．

⑴　よう素酸カリウム　KIO_3

（i）危険性

- 加熱によって酸素を発生する．
- 可燃物と混合したものは，加熱，衝撃，摩擦等により爆発する危険性がある．

（ii）火災予防

- 加熱，衝撃，摩擦等を避ける．
- 可燃物の混入を避ける．

（iii）消火方法

注水して分解温度以下に冷却する．

⑵　よう素酸ナトリウム　$NaIO_3$

（i）危険性

よう素酸カリウムと同じ．

（ii）火災予防

よう素酸カリウムと同じ．

(iii)　消火方法

よう素酸カリウムと同じ.

2.9　過マンガン酸塩類（第３種酸化性固体，指定数量：1000 kg）

過マンガン酸塩類とは，過マンガン酸（$HMnO_4$）の水素原子（H）がアルカリ金属やアルカリ土類金属等の金属又は他の陽イオンと置き換わった化合物の総称で，下記のようなものがある.

危険性は硝酸塩類より低いが，強い **[酸化剤]** である.

いずれの化合物も水と反応しないので，消火は **[注水]** による冷却消火によって行う.

	過マンガン酸カリウム	過マンガン酸ナトリウム
化学式	$KMnO_4$	$NaMnO_4$
形　状	黒紫色又は赤紫色の結晶	赤紫色の粉末
比　重	2.7	2.5
熱分解	200 ℃で分解し，酸素を放出	170 ℃で分解し，酸素を放出
溶解性	水に可溶 （水溶液は濃紫色） メタノールに可溶	水に易溶 （水溶液として市販） メタノールに可溶
潮解性	なし	あり

※他にも過マンガン酸アンモニウム（NH_4MnO_4）等がある.

(1)　過マンガン酸カリウム　$KMnO_4$（別名：過マンガン酸カリ）

(i)　危険性

・硫酸に接触すると爆発の危険性がある.

・可燃物と混合したものは，加熱，衝撃，摩擦等により爆発する危険性がある.

(ii)　火災予防

・硫酸との接触を避ける.

・加熱，衝撃，摩擦等を避ける.

・可燃物の混入を避ける.

(iii) 消火方法

注水して分解温度以下に冷却する.

(2) 過マンガン酸ナトリウム　$NaMnO_4$

(i) 危険性

過マンガン酸カリウムと同じ.

(ii) 火災予防

過マンガン酸カリウムと同じ.

(iii) 消火方法

過マンガン酸カリウムと同じ.

2.10 重クロム酸塩類（第３種酸化性固体，指定数量：1000 kg）

重クロム酸塩類とは，二クロム酸（$H_2Cr_2O_7$）の水素原子（H）２個がアルカリ金属やアルカリ土類金属等の金属又は他の陽イオンと置き換わった化合物の総称で，下記のようなものがある.

危険性は硝酸塩類より低いが，強い［**酸化剤**］である.

いずれの化合物も水と反応しないので，消火は［**注水**］による冷却消火によって行う.

	重クロム酸カリウム	重クロム酸アンモニウム
化学式	$K_2Cr_2O_7$	$(NH_4)_2Cr_2O_7$
形　状	橙赤色の結晶	
比　重	2.7	2.15
融　点	398 ℃	—
熱分解	500 ℃で分解し，酸素を放出	185 ℃で分解し，窒素を放出
溶解性	水に可溶 アルコールに不溶	水に可溶 アルコールに可溶

※重クロム酸ナトリウム（二クロム酸ソーダ）は危険物に該当しない.

⑴　重クロム酸カリウム　$K_2Cr_2O_7$（別名：ニクロム酸カリウム）

（i）危険性

・酸化力が強い．

・可燃物と混合又は接触させると，加熱，衝撃，摩擦等により爆発する危険性がある．

（ii）火災予防

・加熱，衝撃，摩擦等を避ける．

・有機物等の可燃物から隔離する．

（iii）消火方法

注水して分解温度以下に冷却する．

⑵　重クロム酸アンモニウム　$(NH_4)_2Cr_2O_7$（別名：ニクロム酸アンモニウム）

（i）危険性

・加熱によって［窒素］を発生する．

$(NH_4)_2Cr_2O_7 \rightarrow Cr_2O_3 + N_2 + 4H_2O$

・可燃物と混合したものは，加熱，衝撃，摩擦等により爆発する危険性がある．

（ii）火災予防

重クロム酸カリウムと同じ．

（iii）消火方法

重クロム酸カリウムと同じ．

2.11 その他のもので政令で定めるもの（第３種酸化性固体，指定数量：1000 kg）

その他のものとして，過よう素酸塩類，過よう素酸，クロム，鉛又はよう素の酸化物，亜硝酸塩類，次亜塩素酸塩類，塩素化イソシアヌル酸，ペルオキソ二硫酸塩類，ペルオキソほう酸塩類が定められている．

(1) 過よう素酸塩類

	過よう素酸ナトリウム（別名：メタ過よう素酸ナトリウム）
化学式	$NaIO_4$
形状	白色の結晶又は粉末
比重	3.87
熱分解	300 ℃で分解し，酸素を放出
溶解性	水に可溶 アルコールに不溶
危険性	可燃物と混合したものは，衝撃，摩擦等により爆発する危険性あり
火災予防	加熱，衝撃，摩擦等を避ける 可燃物の混入を避ける
消火方法	注水して分解温度以下に冷却する

※他にも過よう素酸カリウム（KIO_4）等がある．

(2) 過よう素酸

	過よう素酸（別名：メタ過よう素酸）
化学式	$HIO_4 \cdot 2H_2O$
形状	白色の結晶又は結晶性粉末
熱分解	110 ℃で昇華しはじめる 138 ℃で分解し，酸素を放出 （水溶液を加熱するとオゾン（O_3）を生じる）
溶解性	水に易溶 アルコールに微溶
危険性	可燃物と混合したものは，衝撃，摩擦等により爆発する危険性あり
火災予防	加熱，衝撃，摩擦等を避ける 可燃物の混入を避ける
消火方法	注水して分解温度以下に冷却する

⑶　クロム，鉛又はよう素の酸化物

(i)　クロムの酸化物

	無水クロム酸（別名：三酸化クロム）
化学式	CrO_3
形状	暗赤色の針状結晶
比重	2.7
融点	196 ℃
熱分解	250 ℃で分解し，酸素を放出
溶解性	水に易溶 （水溶液は腐食性の強いクロム酸となる） 希薄なアルコールに可溶
潮解性	あり
危険性	酸化性や腐食性が強い（皮膚を腐食） 有機物（アルコール等）との接触により発火する危険性あり
火災予防	有機物との接触を避ける 可燃物の混入を避ける 鉛等を内張りした金属容器に入れ，密栓する
消火方法	注水して分解温度以下に冷却する

(ii)　鉛の酸化物

	二酸化鉛
化学式	PbO_2
形状	暗褐色又は黒色の粉末
比重	9.4
熱分解	290 ℃で分解し，酸素を放出
溶解性	水に不溶 アルコールに不溶
危険性	加熱によって酸素を発生 日光を当てることによって酸素を発生 塩酸を添加して加熱すると塩素（有毒）を発生
火災予防	加熱を避ける 直射日光を避ける 塩酸との接触を避ける
消火方法	注水して分解温度以下に冷却する

(iii) よう素の酸化物

	五酸化二よう素
化学式	I_2O_5
形状	白色の結晶
比重	5.1
熱分解	275 ℃で分解し，酸素を放出
溶解性	水に易溶　$I_2O_5 + H_2O \rightarrow 2\ HIO_3$（よう素酸）
危険性	加熱によって酸素を発生 日光を当てることによって酸素を発生
火災予防	加熱，衝撃，摩擦等を避ける 直射日光を避ける
消火方法	注水して分解温度以下に冷却する

(4) 亜硝酸塩類

	亜硝酸カリウム（別名：亜硝酸カリ）	亜硝酸ナトリウム（別名：亜硝酸ソーダ）
化学式	KNO_2	$NaNO_2$
形状	白色又はごく薄い黄色の粒状又は棒状	白色又は淡黄色の結晶
比重	1.9	2.2
融点	—	271 ℃
熱分解	350 ℃以上で分解	320 ℃以上で分解
	530 ℃以上で爆発する危険性あり	
溶解性	水に易溶	
	アルコールに不溶	アルコールに難溶
潮解性	あり	
危険性	可燃物と混合したものは，発火や爆発する危険性あり 有機物等との接触により発火や爆発の危険性あり 酸との接触により分解し，窒素酸化物（有毒）を放出	
火災予防	有機物や酸との接触を避ける 可燃物の混入を避ける 密栓して保管する	
消火方法	注水して分解温度以下に冷却する	

※他にも亜硝酸アンモニウム（NH_4NO_2）等がある．

⑸　次亜塩素酸塩類

	次亜塩素酸カルシウム （別名：漂白粉，カルキ，クロール石灰，高度さらし粉）
化学式	$Ca(ClO)_2 \cdot 3H_2O$
形　状	白色の粉末（塩素臭） （吸湿によって次亜塩素酸（塩素臭）を生成）
比　重	2.4
熱分解	150 ℃以上で分解し，酸素を放出 $Ca(ClO)_2 \rightarrow CaCl_2 + O_2$
溶解性	水に易溶（反応して塩化水素を発生）
吸湿性	あり
危険性	酸と接触すると塩素を放出する $Ca(ClO)_2 + 4HCl \rightarrow 2Cl_2 + CaCl_2 + 2H_2O$ 加熱や光の照射によって分解が早まる 可燃物，アンモニア及びその塩類と混合したものは，爆発する危険性あり
火災予防	加熱，衝撃，摩擦等を避ける 可燃物の混入を避ける 酸やアンモニア等との接触を避ける 密栓して保管する
消火方法	注水して分解温度以下に冷却する

⑹　塩素化イソシアヌル酸

	三塩素化イソシアヌル酸（別名：トリクロロイソシアヌル酸）
分子式	$C_3N_3O_3Cl_3$
形　状	白色の結晶性粉末
溶解性	水に難溶（加水分解して次亜塩素酸を遊離）
危険性	有機物等の可燃物と混合したものは，加熱，衝撃，摩擦等により発火や爆発する危険性あり 常温において，単独で存在する場合は安定
火災予防	可燃物の混入を避ける
消火方法	注水して分解温度以下に冷却する

⑺ ペルオキソ二硫酸塩類

	ペルオキソ二硫酸カリウム（別名：過硫酸カリウム）
化学式	$K_2S_2O_8$
形状	白色の結晶又は粉末
比重	2.5
熱分解	100 ℃で分解し，酸素を放出
溶解性	冷水に難溶，熱水に可溶 アルコールに不溶
危険性	有機物等の可燃物と混合したものは，加熱，衝撃，摩擦等により発熱や発火する危険性あり
火災予防	可燃物の混入を避ける
消火方法	注水して分解温度以下に冷却する

⑻ ペルオキソほう酸塩類

	ペルオキソほう酸アンモニウム（別名：過ほう酸アンモニウム）
化学式	NH_4BO_3
形状	無色の結晶
熱分解	約50 ℃でアンモニアを放出し，さらに加熱すると酸素を放出する
危険性	可燃物と混合したものは，発火や爆発する危険性あり
火災予防	可燃物の混入を避ける
消火方法	注水して分解温度以下に冷却する

第3章 第2類危険物

3.1 共通の性質

⑴ 概要

着火しやすい［固体］又は低温（40 ℃未満）で引火しやすい［固体］である.

酸化されやすく，燃えやすい物質で，燃焼が［速い］．また，酸化剤と接触又は混合したとき，衝撃等によって［爆発］する危険性がある.

⑵ 特徴

第2類危険物とは可燃性固体であり，次のような性質を有する.

・いずれも可燃性の［固体］である.

・一般に比重は1より［大きい］.

・一般に水には［溶けない］.

・比較的［低温］で着火しやすい.

・燃焼速度が［速い］.

・それ自体が有毒のもの，又は燃焼のときに有毒なガスを発生するものがある.

・酸化されやすく，燃えやすい物質である．すなわち，還元性物質である.

・一般に酸化剤との接触又は混合により，［爆発］する危険がある.

・一般に打撃等を与えることにより，［爆発］する危険がある.

・微粉状のものは空気中で［粉じん爆発］を起こしやすい.

⑶ 火災予防

第2類危険物の火災予防は，次のように行う.

◆ 共通のもの

・酸化剤との接触又は混合を避ける.

・炎や火花，高温体の接近を避ける.

・加熱を避ける.
・冷暗所に貯蔵する.
・防湿に注意し，容器は密封する.

◆　鉄粉，金属粉，マグネシウム粉，又はこれらのいずれかを含有するもの
　水又は酸との接触を避ける.

◆　引火性固体
　みだりに蒸気を発生させない.

◆　粉じん爆発の恐れのある場合
・換気を十分に行い，その濃度を燃焼範囲（爆発範囲）未満にする.
・電気設備は防爆構造にする.
・静電気の蓄積を防止する.
・粉じんを扱う装置類には，不燃性ガス（窒素，アルゴン等）を封入する.
・粉じんの堆積を防止する.

⑷　消火方法

水と接触して発火するもの，又は有毒ガスや可燃性ガスを発生するものは，乾燥砂等を用いて窒息消火する.

上記以外のもの（赤りん，硫黄等）は，水，強化液，泡等の水系の消火剤を用いて冷却消火するか，乾燥砂等を用いて窒息消火する.

引火性固体は，泡，粉末，二酸化炭素，ハロゲン化物の消火剤を用いて窒息消火する.

3.2 硫化りん（指定数量：100 kg）

硫化りんとはりん（P）と硫黄（S）から構成される化合物の総称で，その組成比によって下記のようなものがある.

硫化りんを燃焼させると，有毒の［**亜硫酸ガス**］（二酸化硫黄：SO_2）を生じる.

いずれも水や熱湯と反応し，可燃性で有毒の［**硫化水素**］を発生することから，乾燥砂や不燃性ガス（二酸化炭素等）を用いて窒息消火する.

Oneポイントアドバイス!!

硫化水素は「毒性」のほかにも「可燃性」や「腐食性」を有するため，硫化水素が発生しないように注意することが重要である.

	三硫化りん	五硫化りん	七硫化りん
化学式	P_4S_3	P_2S_5	P_4S_7
形　状	黄色の結晶	淡黄色の結晶	
比　重	2.03	2.09	2.19
融　点	172.5 ℃	290 ℃	310 ℃
沸　点	407 ℃	514 ℃	523 ℃
溶解性	水に不溶 硝酸，二硫化炭素，ベンゼンに可溶	水と反応して分解 二硫化炭素に微溶	冷水とは徐々に，熱湯とは速やかに反応して分解 二硫化炭素に微溶

(1) 三硫化りん　P_4S_3（別名：三硫化四りん）

(i) 危険性

- 熱湯と反応して可燃性で有毒の硫化水素（H_2S）を発生する.
- わずかな火気や摩擦によっても発火する危険性がある.
- 約100 ℃以上に加熱すると，空気中で発火する危険性がある.（発火点：100 ℃）

(ii) 火災予防

- 水分との接触を避ける.

・火気，加熱，衝撃，摩擦を避ける.
・酸化剤や金属粉との混合を避ける.
・容器に収納して密栓する.
・通風及び換気のよい冷暗所に保管する.

(iii)　消火方法
・乾燥砂や不燃性ガスを用いて窒息消火する.
・[**注水**] による冷却消火は [**避ける**].（水との反応により硫化水素が発生）

(2)　五硫化りん　P_2S_5（別名：五硫化二りん）

(i)　危険性
・湿った空気や水により容易に加水分解し，可燃性で有毒の硫化水素を発生する.

$$P_4S_{10} + 16\ H_2O \rightarrow 4\ H_3PO_4 + 10\ H_2S$$

(ii)　火災予防
三硫化りんと同じ.

(iii)　消火方法
三硫化りんと同じ.

(3)　七硫化りん　P_4S_7（別名：七硫化四りん）

(i)　危険性
・冷水とは徐々に，熱湯とは速やかに反応して分解し，可燃性で有毒の硫化水素を発生する.
・強い摩擦によって発火する危険性がある.

(ii)　火災予防
三硫化りんと同じ.

(iii) 消火方法

三硫化りんと同じ.

3.3 赤りん（指定数量：100 kg）

黄りん（第３類危険物）の［同素体］であり，空気を遮断して黄りんを約250 ℃で加熱し続けることで得られる.

黄りんよりも不活性（安定）で，毒性もない.

水と反応しないので，消火は［注水］による冷却消火によって行う.

	赤りん
化学式	P
形　状	赤褐色の粉末（無臭，無毒）
比　重	2.3
融　点	590 ℃／4300 kPa
発火点	260 ℃
溶解性	水や二硫化炭素に不溶

(1) 赤りん　P

(i) 危険性

・燃焼すると，腐食性の十酸化四りん（五酸化二りん）を生じる.

$$4P + 5O_2 \rightarrow P_4O_{10}$$

・酸化剤と混合したものは，摩擦熱でも発火する危険性がある.

・黄りん（第３類危険物）を含んだものは，自然発火することがある.

・粉じん爆発を起こすことがある.

(ii) 火災予防

・酸化剤との混合を避ける.

・火気を避ける.

・容器に収納し，密栓して冷暗所に保管する.

(iii)　消火方法

・注水して冷却消火する.

・強化液, 泡消火剤, 乾燥砂を用いても良い.

3.4 硫黄（指定数量：100 kg）

硫黄は多くの同素体（斜方硫黄, 単斜硫黄, ゴム状硫黄等）が存在する. 常温では黄色の固体であるが, 約115 ℃まで加熱すると融解して［**血赤**］色の液体になる. さらに約360 ℃まで加熱すると発火して［**青**］色の炎を上げて燃焼する.

水と反応しないので, 消火は［**注水**］による冷却消火によって行う.

One ポイント アドバイス!!

硫黄は無臭である. 硫黄のにおいと例えられるのは硫化水素（H_2S）や亜硫酸ガス（SO_2）のにおいであり, 硫化水素は腐卵臭, 亜硫酸ガスは刺激臭を有する.

	硫　黄
化学式	S
形　状	黄色の固体又は粉末（無味, 無臭）
比　重	1.8～2.06
融　点	119 ℃
沸　点	445 ℃
溶解性	水に不溶 二硫化炭素に可溶

(1) 硫黄　S

(i)　危険性

・燃焼すると, 有毒の亜硫酸ガス（二酸化硫黄：SO_2）を生じる.

・約360 ℃で発火し, SO_2ガスを発生する.

・酸化剤と混合したものは, 衝撃, 摩擦等により発火する危険性がある.

・粉末状のものは粉じん爆発を起こすことがある.

(ii) 火災予防

・酸化剤との混合を避ける.

・火気，衝撃，摩擦等を避ける.

(iii) 消火方法

・注水して冷却消火する.

・強化液，泡消火剤，乾燥砂を用いても良い.

3.5 鉄粉（指定数量：500 kg）

塊状の鉄は表面積（空気と接触する面積）が小さいために不燃性であるが，粉状の鉄は表面積が大きいために可燃性である．特に，目開き（ふるいの目の大きさ）が53 μmの網ふるいを通過するものが50 wt%以上のとき，この鉄粉を第２類危険物と定義している（すなわち，この網ふるいを通過するものが50 wt%未満のときは，危険物に該当しない）.

熱くなった鉄は注水によって［ **水蒸気爆発** ］を起こす恐れがあるため，消火は乾燥砂を用いて窒息消火する.

One ポイント アドバイス!!

水蒸気爆発とは，水が高温体との接触により急激に気化して膨張するときに発生する爆発現象のこと.

	鉄　粉
化学式	Fe
形　状	灰白色の粉末
比　重	7.9
融　点	1535 ℃
沸　点	2730 ℃
溶解性	水に不溶 酸に可溶（水素を発生）

⑴　鉄粉　Fe

（i）危険性

・加熱又は火気との接触により発火する危険性がある.

・油が染み込んだ切削屑等は自然発火する危険性がある.

・酸化剤と混合したものは加熱や打撃等で発火する危険性がある.

（ii）火災予防

・酸化剤との混合を避ける.

・火気，衝撃，摩擦等を避ける.

（iii）消火方法

・乾燥砂で窒息消火する.

3.6 金属粉（第１種可燃性固体，指定数量：100 kg，第２種可燃性固体，指定数量：500 kg）

消防法上の金属粉とは，アルカリ金属，アルカリ土類金属，鉄及びマグネシウム以外の金属の粉で，目開きが150 μmの網ふるいを通過するものが50 wt%以上のものをいう.

代表的なものに，アルミニウム粉や亜鉛粉があるが，いずれも水と接触して可燃性の水素ガスを発生することから**［注水］**による消火は**［厳禁］**で，乾燥砂等を用いて窒息消火する.

（第１種，第２種可燃性固体の区別は，小ガス炎着火試験の結果による.）

	アルミニウム粉	亜鉛粉
化学式	Al	Zn
形　状	銀白色の粉末	灰青色の粉末
比　重	2.7	7.14
融　点	660 ℃	419.5 ℃
沸　点	2327 ℃	907 ℃
溶解性	水に不溶（水との接触により水素発生） 酸（塩酸や硫酸等）に可溶（水素を発生） 塩基（水酸化ナトリウム等）に可溶（水素を発生）	

(1) アルミニウム粉　Al 及び 亜鉛粉　Zn

(i) 危険性

・空気中の水分により自然発火する危険性がある.

・ハロゲン元素と接触すると自然発火する危険性がある.

・酸化剤と混合したものは加熱や打撃等で危険になる.

(ii) 火災予防

・水，酸，塩基，ハロゲン元素との接触を避ける.

・酸化剤との混合を避ける.

・火気を近づけない.

・容器は密栓する.

(iii) 消火方法

・乾燥砂で窒息消火する.（[**注水**] 消火は [**厳禁**]）

Oneポイント アドバイス!!

危険性は，亜鉛粉よりもアルミニウム粉の方が大きい.

3.7 マグネシウム（第１種可燃性固体，指定数量：100 kg，第２種可燃性固体，指定数量：500 kg）

消防法上のマグネシウムとは，目開きが2 mmの網ふるいを通過するもの，及び直径が2 mm未満の棒状のものをいう.

熱水と激しく反応して可燃性の水素ガスを発生することから [**注水**] による消火は [**厳禁**] で，乾燥砂等を用いて窒息消火する.

（第１種，第２種可燃性固体の区別は，小ガス炎着火試験の結果による）

Oneポイント アドバイス!!

目開きが2 mmの網ふるいを通過しない塊状のもの，及び直径が2 mm以上の棒状のものは危険物から除外される．

	マグネシウム
化学式	Mg
形　状	銀白色の軽い金属
比　重	1.7
融　点	651 ℃
沸　点	1100 ℃
溶解性	水や塩基に不溶 熱水と反応して水素を発生 $Mg + 2H_2O \rightarrow Mg(OH)_2 + H_2$ 希酸（薄い酸）に可溶（水素を発生）

⑴ マグネシウム　Mg

(i) 危険性

・点火すると白光を放って激しく燃焼し，酸化マグネシウム（MgO）となる．

・空気中で吸湿すると，発熱して自然発火する危険性がある．

・酸化剤と混合したものは打撃等で発火する危険性がある．

(ii) 火災予防

・火気を近づけない．

・水分や酸との接触を避ける．

・酸化剤との混合を避ける．

・容器は密栓する．

(iii) 消火方法

・乾燥砂で窒息消火する．（**[注水]** 消火は **[厳禁]**）

3.8 引火性固体（指定数量：1000 kg）

消防法上の引火性固体とは，固形アルコール，その他１気圧において引火点が40 ℃未満のものであり，ラッカーパテやゴムのり等がある．

いずれも常温で［**可燃性蒸気**］を発生し，引火する危険性を有する．

泡，二酸化炭素，粉末消火剤等を用いて窒息消火する．

Oneポイント アドバイス!!

固形アルコールとはメタノールやエタノール（第４類危険物）を凝固剤で固めたもの．

ラッカーパテとはトルエン，酢酸ブチル，ブタノール等（第４類危険物）を含有する下地修正塗料．

ゴムのりとは生ゴム（天然ゴム）をベンゼン等（石油系溶剤）に溶かした接着剤．

	固形アルコール	ラッカーパテ	ゴムのり
形　状	乳白色の寒天状	ペースト状の固体	のり状の固体
性質等	アルコール臭を有する 密閉しないと，アルコールが蒸発する	引火点は10 ℃（含有成分により異なる）	水に不溶 粘着性，凝集力が強い

(1) 固形アルコール

(i) 危険性

・40 ℃未満で可燃性蒸気を発生するため，常温でも引火しやすい．

(ii) 火災予防

・火気を近づけない．

・容器は密栓する．

・換気の良い冷暗所に保管する．

(iii) 消火方法

・泡，二酸化炭素，粉末消火剤等で窒息消火する．

⑵　ラッカーパテ

（i）危険性

・引火点が低く，常温でも引火する危険性がある.

・蒸気を吸入すると，有機溶剤中毒を起こすことがある.

（ii）火災予防

・火気を近づけない.

・容器は密栓する.

・直射日光を避ける.

（iii）消火方法

固形アルコールと同じ.

⑶　ゴムのり

（i）危険性

・引火点が低く，常温以下でも引火する危険性がある.

・蒸気を吸入すると，有機溶剤中毒を起こすことがある.

（ii）火災予防

ラッカーパテと同じ.

（iii）消火方法

固形アルコールと同じ.

第３類危険物

4.1 共通の性質

(1) 概要

空気中で［自然発火］する危険のある［固体］又は［液体］（自然発火性物質），もしくは空気中の湿気や水と接触することで［発火］したり，［可燃性ガス］（水素ガス等）を発生したりする［固体］又は［液体］（禁水性物質）である．

ほとんどのものは，両方の性質（自然発火性と禁水性）を有する．

(2) 特徴

第３類危険物とは自然発火性物質及び禁水性物質であり，次のような性質を有する．

- 常温で［固体］又は［液体］である．
- ［空気］又は［水］と接触することにより，直ちに危険が生じる．
- ほとんどのものは自然発火性及び禁水性の両方の性質を有する（例外として，黄りんは［自然発火性］のみ，リチウムは［禁水性］のみを有する）．
- ほとんどのものは可燃性であるが，不燃性のものもある（例えば，［炭化カルシウム］や［りん化カルシウム］は不燃性である）．

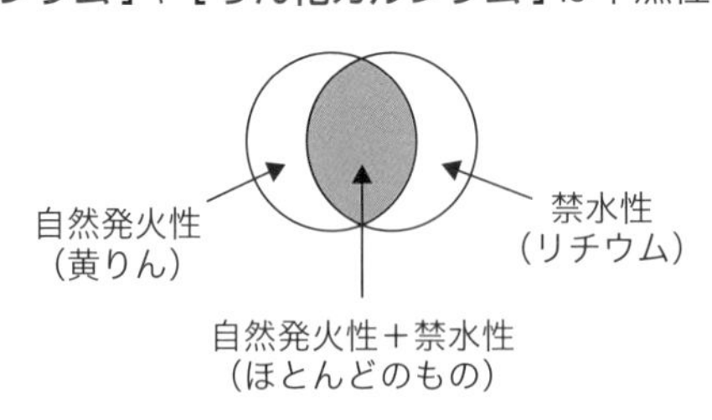

Oneポイント アドバイス!!

自然発火性：空気中で（空気と接触して）発火する危険性
禁　水　性：水と接触して発火又は可燃性ガスを発生する危険性

⑶　火災予防

第３類危険物の火災予防は，次のように行う．

◆　共通のもの

・禁水性の物品は，水との接触を避ける．
・自然発火性の物品は，空気との接触を避ける．
・自然発火性の物品は，炎，火花，高温体との接触又は加熱を避ける．
・湿気を避け，冷暗所に貯蔵する．
・容器の破損又は腐食に注意する．
・容器は密封する．

◆　保護液に保存されているもの

保護液の減少等に注意し，危険物が保護液から露出しないように注意する．

⑷　消火方法

ほとんどの第３類危険物は禁水性の性質を有するため，水系の消火剤は使用できないが，禁水性又は自然発火性のいずれかの性質のみを有する物品については，性質によって消火剤を使い分けることも可能である．

◆　すべての第３類危険物の消火に共通する方法

乾燥砂，膨張ひる石（バーミキュライト），膨張真珠岩（パーライト）を用いて窒息消火する．

◆　禁水性のみを有する物品の消火方法

炭酸水素塩類を用いた粉末消火剤，又はこれらの物品の消火のためにつくられた粉末消火剤を用いて窒息消火する．

◆　自然発火性のみを有する物品の消火方法

水，泡，強化液等の水系の消火剤を用いて消火することも可.

One ポイント アドバイス!!

水系の消火剤を用いて消火できる第３類危険物は，禁水性の性質をもたないもの（例えば，黄りん等）に限られる.

4.2 カリウム・ナトリウム（指定数量：10 kg）

いずれもアルカリ金属に属し，水より軽く，ナイフで簡単に切れるほど軟らかい金属である.

非常に酸化されやすく，水と激しく反応して可燃性の［**水素ガス**］を発生するため，消火は乾燥砂を用いて窒息消火する.

	カリウム	ナトリウム
化学式	K	Na
炎色反応	紫色	黄色
形状	銀白色の軟らかい金属	
比重	0.86	0.97
融点	63.4 ℃（融点以上に加熱すると紫色の炎を出して燃焼）	97.7 ℃（融点以上に加熱すると黄色の炎を出して燃焼）
溶解性	アルコールに可溶（水素ガスと熱を発生）	
潮解性	あり	なし
吸湿性	あり	なし

⑴　カリウム　K

（i）　危険性

・水との接触によって反応し，水素ガスと熱を発生して発火する.

$$2\,K + 2\,H_2O \rightarrow 2\,KOH + H_2 + 388.5\,J$$

・長時間空気と接触することで，自然発火する危険性がある.

・皮膚に触れると炎症を引き起こす.

・金属を腐食する.

⒤ 火災予防

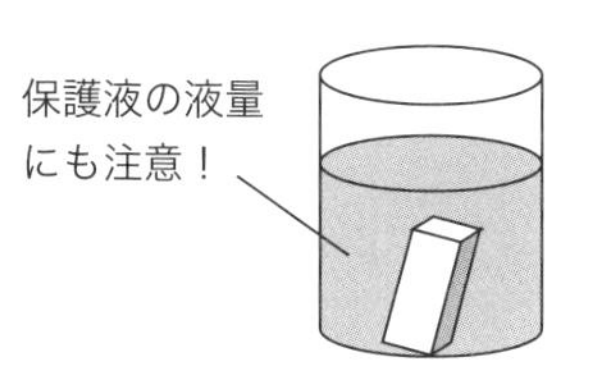

・水や空気との接触を避ける．

・保護液（灯油，ヘキサン等）の中に小分けして保管する．

・容器に入れて密栓し，乾燥した冷暗所に保管する．

(iii) 消火方法

乾燥砂，膨張ひる石，膨張真珠岩を用いて窒息消火する．

水系の消火剤（水，泡，強化液等）は厳禁．

⑵ ナトリウム　Na

(i) 危険性

・水との接触によって反応し，水素ガスと熱を発生して発火する．

$$2\,Na + 2\,H_2O \rightarrow 2\,NaOH + H_2 + 369.2\,J$$

・以下，カリウムと同じ．

(ii) 火災予防

カリウムと同じ．

(iii) 消火方法

カリウムと同じ．

One ポイントアドバイス！！

両者の性質は類似点が多いが，反応性はカリウムの方がやや強い．

4.3 アルキルアルミニウム（指定数量：10 kg）

アルキルアルミニウムとは，アルキル基（メチル基：CH_3，エチル基：C_2H_5等）がアルミニウム原子（Al）に１つ以上結合した化合物の総称で，ハロゲン元素（塩素：Cl，臭素：Br等）を含むものもある．

効果的な消火剤がなく，発火すると消火は困難である．

(1) アルキルアルミニウム

(i) 性質等

形　状：無色の固体又は液体

反応性：アルキル基の炭素数又はハロゲン数が多くなるほど，空気や水との反応性は小さくなる．溶剤（ヘキサンやベンゼン等）で希釈したものは，反応性が低くなる．

(ii) 危険性

- 空気との接触によって発火する．
- 水との接触によって反応し，発生したガスが発火してアルキルアルミニウムを飛散する．
- 高温では不安定になり，約 200 ℃で分解する．
- 皮膚に接触すると，火傷する．
- 燃焼時に発生する白煙は有毒で，吸入すると肺等が侵される．
- ハロゲン化物と反応し，有毒ガスを発生する．

(iii) 火災予防

- 水や空気には，絶対に接触させない．
- 安全弁を付けた耐圧性容器を使用し，不活性ガス（窒素等）中で保管する．
- 皮膚に触れないように保護具を着用して取り扱う．

(iv) 消火方法

有効な消火剤がないため，乾燥砂，膨張ひる石，膨張真珠岩等を用いて流出を防ぎ，燃え尽きるまで監視する．

水系の消火剤（水，泡，強化液等）やハロゲン化物消火剤は厳禁．

4.4 アルキルリチウム（指定数量：10 kg）

アルキルリチウムとは，アルキル基とリチウム原子（Li）が結合した化合物の総称で，代表的なものにノルマルブチルリチウムがある．

効果的な消火剤がなく，発火すると消火は困難である．

	ノルマルブチルリチウム
化学式	C_4H_9Li（$CH_3CH_2CH_2CH_2Li$）
形　状	黄褐色の液体
比　重	0.84
融　点	−53 ℃
溶解性	ジエチルエーテル，ベンゼン，ヘキサン等に可溶
反応性	溶剤（ヘキサンやベンゼン等）で希釈したものは，反応性が低くなる ハロゲン化物と反応し，有機リチウム化合物（RLi）を生成する $C_4H_9Li + RBr \rightarrow C_4H_9Br + RLi$

※他にもメチルリチウム（CH_3Li），セカンダリーブチルリチウム（$CH_3CHLiCH_2CH_3$），ターシャリーブチルリチウム（$(CH_3)_3CLi$）等がある．ノルマル（n），セカンダリー（sec），ターシャリー（tert）は，ブチル基の結合の仕方（構造異性体）を表している．

⑴　ノルマルブチルリチウム　C_4H_9Li（n－ブチルリチウム）

（i）危険性

- 空気との接触によって白煙を生じて燃焼する．
- 水やアルコール類等と激しく反応する．

$$C_4H_9Li + H_2O \rightarrow C_4H_{10} + LiOH$$

（ii）火災予防

- 水や空気には，絶対に接触させない．
- 安全弁を付けた耐圧性容器を使用し，不活性ガス（窒素等）中で保管する．
- 皮膚に触れないように保護具を着用して取り扱う．

(iii) 消火方法

有効な消火剤がないため，乾燥砂，膨張ひる石，膨張真珠岩等を用いて流出を防ぎ，燃え尽きるまで監視する．

水系の消火剤（水，泡，強化液等）やハロゲン化物消火剤は厳禁．

4.5 黄りん（指定数量：20 kg）

りんの同素体の１つであり，[**毒性**] が強い．また，多くの物質と激しく反応するため危険性が大きい．

禁水性ではない（水とは反応しない）が，[**自然発火性**] を有するため，水（保護液）の中で保管する．

	黄りん
化学式	P
形　状	白色又は淡黄色のロウ状の固体（ニラのような臭い） 暗所では青白色のりん光を発する
比　重	1.82
融　点	44 ℃
発火点	約50 ℃
溶解性	水に不溶 ベンゼンや二硫化炭素に可溶

(1) 黄りん　P

(i) 危険性

・[**猛毒**] で，服用すると数時間で死亡する．

・皮膚に触れると火傷することがある．

・酸化されやすく，空気中で酸化されて発火点に達すると自然発火する．

・燃焼すると，腐食性の十酸化四りん（五酸化二りん）を生じる．

$$4\,P + 5\,O_2 \rightarrow P_4O_{10}$$

(ii)　火災予防

・空気に触れないよう，水（保護液）の中で保管する．

・保護液は弱アルカリ性（pH < 9）にする．

・冷暗所に保管する．

(iv)　消火方法

融点が低いことから，燃焼時は液状になって流動する危険性が大きいため，土砂と水を用いて流動を防ぎながら冷却消火する．

4.6 アルカリ金属（カリウム，ナトリウムを除く）及びアルカリ土類金属（第１種自然発火性物質及び禁水性物質，指定数量：10 kg）

アルカリ金属の代表的なものに，リチウム，ナトリウム，カリウム等がある．ナトリウムやカリウムは禁水性及び自然発火性を有するのに対し，リチウムは禁水性のみを有する等，性質が異なる．

アルカリ土類金属の代表的なものに，カルシウムやバリウム等がある．

いずれも水と反応することから，消火は乾燥砂を用いて窒息消火する．

	リチウム	カルシウム	バリウム
化学式	Li	Ca	Ba
炎色反応	赤色	橙色	黄緑色
形状	銀白色の軟らかい金属		
比重	0.53（最も軽い金属）	1.55	3.51
融点	180.5 ℃	842 ℃	726 ℃

(1)　リチウム　Li

(i)　危険性

・水との接触により，室温（20 ℃）では穏やかに，高温では激しく反応し，水素を発生する．

$$2\,Li + 2\,H_2O \rightarrow 2\,LiOH + H_2$$

(ii)　火災予防

・水との接触を避ける.

・火気や加熱を避ける.

・容器は密栓して，冷暗所に保管する.

(iii)　消火方法

乾燥砂を用いて窒息消火する.（水系の消火剤は厳禁）

(2)　カルシウム　Ca

(i)　危険性

・水との接触により水素を発生する.

$$Ca + 2H_2O \rightarrow Ca(OH)_2 + H_2$$

(ii)　火災予防

リチウムと同じ.

(iii)　消火方法

リチウムと同じ.

(3)　バリウム　Ba

(i)　危険性

・空気中で徐々に酸化されて，白色の酸化バリウム（有毒）になる.

・水との接触により水素を発生する.

$$Ba + 2H_2O \rightarrow Ba(OH)_2 + H_2$$

(ii)　火災予防

リチウムと同じ.

(iii)　消火方法

リチウムと同じ.

4.7 有機金属化合物（アルキルアルミニウム，アルキルリチウムを除く）（第１種自然発火性物質及び禁水性物質，指定数量：10 kg）

有機金属化合物とは，金属原子を含む有機化合物であり，炭素－金属結合を有するもの．

学問上はアルキルアルミニウムやアルキルリチウムも有機金属化合物に含まれるが，消防法では別々に分類されており，代表的なものにジエチル亜鉛がある．

水と接触して可燃性ガスを発生することから，消火は粉末消火剤を用いて窒息消火する．

	ジエチル亜鉛
化学式	$(C_2H_5)_2Zn$
形　状	無色の液体
比　重	1.2
融　点	−28 ℃
溶解性	ジエチルエーテルやベンゼンに可溶

(1) ジエチル亜鉛　$(C_2H_5)_2Zn$

(i) 危険性

・空気との接触によって自然発火する．

・水，アルコール，酸との接触によって激しく反応し，可燃性のエタンガスを発生する．

$$(C_2H_5)_2Zn + 2\ H_2O \rightarrow 2\ C_2H_6 + Zn(OH)_2$$

(ii) 火災予防

・水や空気には，絶対に接触させない．

・容器は密栓し，不活性ガス（窒素等）中で保管する．

(iii) 消火方法

粉末消火剤を用いて窒息消火する．

水系の消火剤（水，泡，強化液等）やハロゲン化物消火剤は厳禁．
（ハロゲン化物と反応して有毒ガスを発生する）

4.8 金属の水素化物（第２種自然発火性物質及び禁水性物質，指定数量：50 kg）

金属の水素化物とは，水素（H）と金属元素が結合したもので，代表的なものに，下記のようなものがある．

金属の水素化物は水と容易に反応して可燃性の［**水素ガス**］を発生することから，消火は乾燥砂，消石灰，ソーダ灰，二酸化炭素等を用いて窒息消火する．

	水素化ナトリウム	水素化リチウム
化学式	NaH	LiH
形　状	灰色の結晶性粉末	白色の結晶
比　重	1.4	0.82
融　点	800 ℃ （ナトリウムと水素に分解）	680 ℃
溶解性	アルコールやベンゼン等の有機溶剤に不溶	

※他にも水素化カルシウム（CaH_2）や水素化カリウム（KH）等がある．

(1) 水素化ナトリウム　NaH

(i) 危険性

・水との接触によって激しく反応し，水素ガスと熱を発生して自然発火することがある．

・湿った空気中でも分解し，自然発火することがある（乾燥空気中では安定）．

・酸化剤との接触により，発火する危険性がある．

・還元性が強く，金属酸化物や塩化物から金属を遊離する．

$$TiCl_4 + 4\,NaH \rightarrow Ti + 4\,NaCl + 2\,H_2$$

(ii) 火災予防

・空気，水，酸化剤との接触を避ける．

・窒素等を封入し，密栓して保管する．

(iii) 消火方法

乾燥砂，消石灰，ソーダ灰，二酸化炭素等を用いて窒息消火する．水系の消火剤（水，泡，強化液等）は厳禁．

(2) 水素化リチウム　LiH

(i) 危険性

・水との接触によって反応し，水素ガスと熱を発生して自然発火することがある．

・湿った空気中でも分解し，自然発火することがある（乾燥空気中では安定）．

・酸化剤との接触により，発火する危険性がある．

・腐食性があるので，皮膚に付着しないように注意する．

(ii) 火災予防

水素化ナトリウムと同じ．

(iii) 消火方法

水素化ナトリウムと同じ．

4.9 金属のりん化物（第２種自然発火性物質及び禁水性物質，指定数量：50 kg）

金属のりん化物とは，りん（P）と金属元素が結合したもので，代表的なものに，りん化カルシウムがある．

消火は乾燥砂を用いて窒息消火する．

	りん化カルシウム
化学式	Ca_3P_2
形　状	暗赤色の塊状固体又は粉末
比　重	2.5
融　点	1600 ℃

Oneポイント アドバイス!!

りん化カルシウム自身は不燃性であるが，分解生成物のりん化水素が自然発火性を有する．

⑴　りん化カルシウム　Ca_3P_2（別名：二りん化三カルシウム）

（i）危険性

・水や弱酸との接触又は加熱によって，［**有毒**］で可燃性のりん化水素を発生する．

$Ca_2P_3 + 6\ H_2O \rightarrow 3\ Ca(OH)_2 + 2\ PH_3$

このとき，生成したりん化水素が自然発火する．

・燃焼によって生じる五酸化二りん（P_4O_{10}）も有毒である．

$4\ PH_3 + 8\ O_2 \rightarrow P_4O_{10} + 6\ H_2O$

（ii）火災予防

・湿気や水分を避け，乾燥した場所で保管する．

・湿気対策として，保管する床面は地面より高くする．

・容器は密栓し，破損に注意する．

（iii）消火方法

乾燥砂を用いて窒息消火する．

乾燥砂以外の消火剤は効果がない．

参考

・殺鼠剤等に用いられる．

4.10 カルシウム及びアルミニウムの炭化物（第２種自然発火性物質及び禁水性物質，指定数量：50 kg）

カルシウム又はアルミニウムの炭化物とは，カルシウム（Ca）又はアルミニウム（Al）と炭素（C）から構成される化合物で，代表的なものに，下記のようなものがある．

いずれも，水との接触により **[可燃性ガス]** を発生するため，消火は粉末消火剤又は乾燥砂等を用いて窒息消火する．

	炭化カルシウム	炭化アルミニウム
化学式	CaC_2	Al_4C_3
形　状	（純粋）白色の結晶 （通常）灰色又は紫褐色の塊状	（純粋）無色の結晶 （通常）黄色の結晶
比　重	2.2	2.37
融　点	2200 ℃	2200 ℃
吸湿性	あり	なし

⑴ 炭化カルシウム　CaC_2（別名：カルシウムカーバイド）

（i）危険性

・水と反応して可燃性のアセチレンガスと熱を発生し，水酸化カルシウムとなる．

$$CaC_2 + 2\,H_2O \rightarrow Ca(OH)_2 + C_2H_2$$

このアセチレンガスが銅，銀，水銀と接触すると，爆発性物質を生成する．

One ポイント アドバイス!!

炭化カルシウム自身は不燃性であるが，分解生成物のアセチレンが自然発火性を有する．

(ii)　火災予防

・湿気や水分を避け，乾燥した場所で保管する．

・容器は密栓し，破損に注意する．

・必要に応じて不活性ガス（窒素等）を封入する．

(iii)　消火方法

粉末消火剤又は乾燥砂等を用いて窒息消火する．

水系の消火剤（水，泡，強化液等）は厳禁．

(2)　炭化アルミニウム　Al_4C_3

(i)　危険性

・水と反応して可燃性のメタンガスと熱を発生し，水酸化アルミニウムとなる．

$$Al_4C_3 + 12\ H_2O \rightarrow Al(OH)_3 + 3\ CH_4$$

(ii)　火災予防

炭化カルシウムと同じ．

(iii)　消火方法

炭化カルシウムと同じ．

4.11　その他のもので政令で定めるもの（第３種自然発火性物質及び禁水性物質，指定数量：300 kg）

その他のものとして，塩素化けい素化合物が定められている．塩素化けい素化合物とは，けい素（Si）と化合した物質が塩素化されたもので，代表的なものに，トリクロロシランがある．

水に溶けて塩化水素ガスを発生することから，消火は乾燥砂，膨張ひる石，膨張真珠岩等を用いて窒息消火する．

	トリクロロシラン
化学式	$SiHCl_3$
形状	無色の流動性液体（刺激臭）
比重	1.3
沸点	32 ℃
引火点	−50 ℃以下
燃焼範囲	1.2〜90.5 vol%
蒸気比重	4.7
溶解性	水に溶けて塩化水素ガスを発生する $2\ SiHCl_3 + 3\ H_2O \rightarrow (HSiO)_2O + 6\ HCl$ ベンゼン，ジエチルエーテル，二硫化炭素に可溶

One ポイント アドバイス!!

HClは塩化水素．塩酸とは塩化水素の水溶液のこと．

(1) トリクロロシラン　$SiHCl_3$

(i) 危険性

・水や水蒸気と反応して発熱し，発火することがある（このとき発生する霧状のガスは，毒性及び腐食性を有する）．

・酸化剤と混合すると，激しく反応する．

・揮発性があり，有毒である．

・燃焼範囲が広いため，広い範囲で爆発性混合ガスを生成する．

(ii) 火災予防

・水や酸化剤との接触を避ける．

・容器は密栓し，通風の良い場所で保管する．

(iii) 消火方法

乾燥砂，膨張ひる石，膨張真珠岩等を用いて窒息消火する．

水系の消火剤（水，泡，強化液等）は厳禁．

第5章 第４類危険物

5.1 共通の性質

⑴ 概要

いずれも [引火性] の [液体] である.

危険物から発生した蒸気と酸素（空気等）の混合気体は，火源によって引火・爆発（蒸発燃焼）する危険性がある.

⑵ 特徴

第４類危険物とは引火性液体であり，次のような性質を有する.

- 蒸気は空気より [重い].（蒸気比重は１より大きい）
- [霧状] にしたものや [布] 等にしみ込んだものは，特に燃えやすい.（引火点以下でも燃焼することがある）
- 水に [不溶性] で，水より [軽い] ものが多い.（有機溶媒には溶けやすい）
- 電気の不良導体が [多く]，帯電しやすい.
（水に溶けないものは電気の不良導体であり，静電気を発生・蓄積しやすい）
- 引火点，沸点，発火点の [低い] ものが多い.
- 燃焼範囲の下限値が [低い] ものが多い.

⑶ 火災予防

第４類危険物の火災予防は，次のように行う.

- 容器は密栓し，冷暗所に貯蔵する.
（体膨張による容器の破損を防ぐため，容器に詰めるときは満タンにしない）
- 火花等の熱源を避け，みだりに蒸気を発生させない.
- 防爆性の電気設備を使用する.
- 発生した蒸気は屋外の高所に排出するとともに，低所の換気を行って蒸気の滞留を防ぐ.
・酸化剤との接触又は混合を避ける.

静電気が発生する恐れのある場合は，次のように静電気を除去する措置を講ずる.
・摩擦を減らす.（流速を遅くする）
・導電性の材料を使用する.
・接地（アース）する.
・湿度を高める.

⑷　消火方法

第４類危険物は蒸発燃焼することから，空気を遮断する窒息消火が効果的である.

使用できる消火剤には，霧状の強化液，泡，ハロゲン化物，二酸化炭素，粉末等がある．ただし，水溶性の危険物には，水溶性液体用の泡消火剤を用いる.

水（霧状を含む）及び棒状の強化液は使用できない.

5.2　特殊引火物（指定数量：50 L）

特殊引火物とはジエチルエーテル，二硫化炭素，その他１気圧において，発火点が100 ℃以下のもの又は引火点が－20 ℃以下で沸点が40 ℃以下のものをいい，下記のようなものがある.

	比重	沸点 [℃]	引火点 [℃]	発火点 [℃]	燃焼範囲 [vol%]	蒸気比重
ジエチルエーテル	0.71	35	−45	160	1.9～36	2.55
二硫化炭素	1.26	46	−30	90	1.3～50	2.63
アセトアルデヒド	0.79	20	−39	185	4.0～60	1.52
酸化プロピレン	0.83	34	−37	465	2.8～37	2.05

(1) ジエチルエーテル　$C_2H_5OC_2H_5$（別名：エチルエーテル，エーテル）

(i) 主な性質

・刺激臭のある無色透明の液体である．

・水にわずかに溶解し，アルコールやベンゼン等の有機溶媒に溶けやすい．

(ii) 危険性

・極めて揮発しやすく，引火しやすい．

・空気中で直射日光にさらすと爆発性の過酸化物を生成する．

・発生する蒸気には麻酔性がある．

(iii) 消火方法

泡消火剤（水溶性液体用），粉末消火剤，二酸化炭素消火剤等を用いて窒息消火する．

(2) 二硫化炭素　CS_2

(i) 主な性質

・不快臭のある無色透明の液体である．（純粋なものは無臭）

・水に不溶で，アルコールやエーテルに溶けやすい．

(ii) 危険性

・極めて揮発しやすく，発生する蒸気は有毒である．

・完全燃焼により，二酸化硫黄（有毒）と二酸化炭素を発生する．

$$CS_2 + 3\,O_2 \rightarrow 2\,SO_2 + CO_2$$

(iii) 火災予防

可燃性蒸気が発生しないよう，**［水没貯蔵］**によって保管する．

⒤ 消火方法

・粉末消火剤，二酸化炭素消火剤，泡消火剤等を用いて窒息消火する．

・水噴霧による窒息消火も効果的である．

Oneポイント アドバイス!!

二硫化炭素は水に不溶で，かつ水より重いため，霧状の水によっても消火できる．

⑶ アセトアルデヒド　CH_3CHO

(i) 主な性質

・刺激臭のある無色透明の液体である．

・水，アルコール，エーテルに溶けやすい．

・酸化すると酢酸になる．（$CH_3CHO \rightarrow CH_3COOH$）

(ii) 危険性

熱や光によって分解し，メタンと一酸化炭素を生じる．

$CH_3CHO \rightarrow CH_4 + CO$

(iii) 消火方法

・粉末消火剤，二酸化炭素消火剤，泡消火剤（水溶性液体用）等を用いて窒息消火する．

・水噴霧による窒息消火も効果的である．（**[棒状]** 放水は **[厳禁]**）

Oneポイント アドバイス!!

アセトアルデヒドは水溶性のため，霧状の水によっても消火できる．

⑷ 酸化プロピレン　C_3H_6O（別名：プロピレンオキシド）

(i) 主な性質

・エーテル臭のある無色透明の液体である．

・水，アセトン，ベンゼン，アルコール，エーテルに溶けやすい．

(ii) 危険性

空気と接触して爆発するため，貯蔵するときは不活性ガスを封入する．

(iii) 消火方法

ジエチルエーテルと同じ．

5.3 第１石油類（指定数量（非水溶性）：200 L，指定数量（水溶性）：400 L）

第１石油類とは，アセトン，ガソリン，その他１気圧において引火点が21 ℃未満のものをいい，下記のようなものがある．

	比重	沸点 [℃]	引火点 [℃]	発火点 [℃]	燃焼範囲 [vol%]	蒸気比重
アセトン	0.79	56.5	−18	465	2.2 ～13	2.0
ガソリン	0.65 ～ 0.75	40 ～ 220	−40以下	約300	1.4 ～ 7.6	3～4
ベンゼン	0.88	80	−11	498	1.3 ～ 7.1	2.7
トルエン	0.87	111	4	480	1.1 ～ 7.1	3.18
酢酸エチル	0.90	77	− 4	427	2.2 ～11.5	3.04
メチルエチルケトン	0.805	80	− 9	505	1.8 ～11.5	2.41
ピリジン	0.98	116	20	482	1.8 ～12.4	2.73

⑴ アセトン　CH_3COCH_3

(i) 主な性質

・特異臭のある無色透明の液体である．

・水，アルコール，エーテルに溶けやすい．

(ii)　危険性

日光や空気にさらされると爆発性の過酸化物を生成する．

(iii)　消火方法

・粉末消火剤，二酸化炭素消火剤，泡消火剤（**[水溶性]** 液体用）等を用いて窒息消火する．

・水噴霧による窒息消火も効果的である．（**[棒状]** 放水は **[厳禁]**）

(2)　ガソリン

(i)　主な性質

・石油臭のある無色透明の液体である．

・水に溶けない．

(ii)　危険性

・静電気を発生，蓄積しやすい．

・揮発性が高く，移送中の摩擦等で静電気を発生し，蒸気に引火することがある．

(iii)　消火方法

粉末消火剤，二酸化炭素消火剤，泡消火剤等を用いて窒息消火する．

(3)　ベンゼン　C_6H_6 及び トルエン　$C_6H_5CH_3$

(i)　主な性質

・特異臭（芳香臭）のある無色透明の液体である．

・水に不溶で，アルコールやエーテルに極めて溶けやすい．

(ii)　危険性

・毒性があり，吸入等によって中毒症状を引き起こすことがある．ただし，トルエンの方がベンゼンよりも毒性が低い．

(iii)　消火方法

ガソリンと同じ.

(4)　酢酸エチル　$CH_3COOC_2H_5$ 及び メチルエチルケトン　$CH_3COC_2H_5$

(i)　主な性質

・芳香臭のある無色透明の液体である.

・水にわずかに溶解し，アルコールやエーテルに極めて溶けやすい.

(ii)　消火方法

ガソリンと同じ.

(5)　ピリジン　C_5H_5N

(i)　主な性質

・不快臭のある無色透明の液体である.

・水，アルコール，エーテルに極めて溶けやすい.

(ii)　消火方法

アセトンと同じ.

5.4　アルコール類（指定数量：400 L）

アルコール類とは，１分子を構成する炭素の原子の数が１個から３個までの飽和１価アルコール（変性アルコールを含む）をいい，下記のようなものがある.

	比重	沸点 [℃]	引火点 [℃]	発火点 [℃]	燃焼範囲 [vol%]	蒸気比重
メタノール	0.79	65	12	455 (385)	5.5～36.5	1.11
エタノール	0.79	78	13	363	3.3～19	1.59
1−プロパノール	0.8	97	15	371	2.1～13.5	2.1
2−プロパノール	0.79	82	11.7	425	2.0～12.7	2.1

⑴　メタノール　CH_3OH（別名：メチルアルコール）

(i)　主な性質

・芳香臭のある無色透明の液体である．

・水，エーテル，ベンゼンに溶けやすい．

(ii)　危険性

毒性が強い．（「メチル（目散る）アルコール」と覚える）

(iii)　消火方法

・粉末消火剤，二酸化炭素消火剤，泡消火剤（水溶性液体用）等を用いて窒息消火する．

・水噴霧による窒息消火も効果的である．（**[棒状]** 放水は **[厳禁]**）

⑵　エタノール　C_2H_5OH（別名：エチルアルコール）

(i)　主な性質

メタノールと同じ．

(ii)　危険性

麻酔性はあるが，毒性はない．

(iii)　消火方法

メタノールと同じ．

⑶　１－プロパノール　$CH_3CH_2CH_2OH$　及び ２－プロパノール　$(CH_3)_2CHOH$

(i)　別名

・１－プロパノール（ノルマルプロピルアルコール）

・２－プロパノール（イソプロピルアルコール）

One ポイント アドバイス!!

両者は互いに構造異性体である．

(ii)　主な性質

・エタノールと同じ．

(iii)　消火方法

・メタノールと同じ．

5.5　第２石油類（指定数量（非水溶性）：1000 L，指定数量（水溶性）：2000 L）

第２石油類とは，灯油，軽油，その他１気圧において引火点が21 ℃以上70 ℃未満のものをいい，下記のようなものがある．

	比重	沸点 [℃]	引火点 [℃]	発火点 [℃]	燃焼範囲 [vol%]	蒸気比重
灯　油	約0.8	145 ～ 270	40以上	約220	1.1 ～ 6.0	約4.5
軽　油	約0.85	170 ～ 370	45以上	約220	1.0 ～ 6.0	約4.5
酢　酸	1.05	117	39	425	5.4 ～16	2.07
プロピオン酸	0.99	141	52	465	2.1 ～12	2.56
キシレン	約0.87	138 ～ 144	27～32	463～ 527	0.9 ～ 7.0	3.66
クロロベンゼン	1.11	132	27	590	1.3 ～ 9.6	3.88
ノルマルブチルアルコール	0.81	117	29	343	1.4 ～11.3	2.6
スチレン	0.91	145	31	490	0.9 ～ 6.8	3.59
アクリル酸	1.05	141	54	360	2.9 ～ 8	2.5

(1)　灯油及び軽油

(i)　主な性質

・石油臭がある．

・灯油は無色又は淡紫黄色の透明な液体で，軽油は淡黄色又は淡褐色の透明な液体である．
・水に溶けない．

(ii)　危険性
・ガソリンと混合したものは，ガソリンと同様の危険性がある．（使用不可）
・静電気を発生，蓄積しやすい．
・常温（引火点以下）でも，霧状や布に染み込んだ状態では危険性が大きい．

(iii)　消火方法
粉末消火剤，二酸化炭素消火剤，泡消火剤等を用いて窒息消火する．

(2)　酢酸 CH_3COOH（別名：氷酢酸）及びプロピオン酸 C_2H_5COOH

(i)　主な性質
・刺激臭のある無色透明の液体である．
・水，アルコール，エーテルに溶けやすい．

(ii)　危険性
・弱い酸性を示し，金属を腐食する．
・皮膚に触れると火傷し，蒸気を吸引すると炎症を起こす．

(iii)　消火方法
・粉末消火剤，二酸化炭素消火剤，泡消火剤（水溶性液体用）等を用いて窒息消火する．
・水噴霧による窒息消火も効果的である．（**[棒状]** 放水は **[厳禁]**）

(3)　キシレン　$C_6H_4(CH_3)_2$

(i)　主な性質
・特異臭（芳香臭）のある無色透明の液体である．
・水に不溶で，アルコールやエーテルに溶けやすい．

・オルトキシレン，メタキシレン，パラキシレンがあり，互いに構造異性体である．

(ii)　危険性

毒性がある．

(iii)　消火方法

粉末消火剤，二酸化炭素消火剤，泡消火剤等を用いて窒息消火する．

(4)　クロロベンゼン　C_6H_5Cl

(i)　主な性質

・特有臭のある無色透明の液体である．

・水に不溶で，アルコールやエーテルに極めて溶けやすい．

(ii)　消火方法

キシレンと同じ．

(5)　ノルマルブチルアルコール　$CH_3CH_2CH_2CH_2OH$（別名：1－ブタノール）

(i)　主な性質

・特有臭（芳香臭）のある無色透明の液体である．

・水，アルコール，エーテルに溶けやすい．

(ii)　消火方法

酢酸と同じ．

(6)　スチレン　$C_6H_5CH=CH_2$

(i)　主な性質

・強い特有臭のある無色透明の液体である．

・水に不溶で，アルコールやエーテルに溶けやすい．

(ii)　危険性

光の存在下で加熱すると重合し，燃焼又は爆発の危険性がある．

(iii)　消火方法

粉末消火剤，二酸化炭素消火剤，泡消火剤等を用いて窒息消火する．

(7)　アクリル酸　$CH_2=CHCOOH$

(i)　主な性質

・刺激臭のある無色透明の液体である．

・水，アルコール，エーテルに溶けやすい．

(ii)　危険性

・弱い酸性を示し，金属を腐食する．

・皮膚に触れると火傷し，蒸気を吸引すると炎症を起こす．

・加熱すると重合し，燃焼又は爆発の危険性がある．

(iii)　消火方法

酢酸と同じ．

5.6 第３石油類（指定数量（非水溶性）：2000 L，指定数量（水溶性）：4000 L）

第3石油類とは，重油，クレオソート油，その他１気圧において引火点が70 ℃以上200 ℃未満のものをいい，下記のようなものがある．

	比重	沸点 [℃]	引火点 [℃]	発火点 [℃]	燃焼範囲 [vol%]	蒸気比重
重　油	0.86～0.98	300以上	60～150	約250～380	—	—
クレオソート油	1.08	200～220以上	74	336	—	—
アニリン	1.02	184	70	615	1.2～11	3.2
ニトロベンゼン	1.02	約210	88	480	1.8～40	4.2
エチレングリコール	1.1	198	111	398	3.2～15.3	2.1
グリセリン	1.25	290（分解）	177	400	1.8～40	3.17

Oneポイントアドバイス!!

重油以外の第３石油類は，水より重い．（比重が１より大きい）

(1) 重油

(i) 主な性質

・特異臭のある褐色又は暗褐色の粘性のある液体である．

・水に溶けない．

・日本工業規格（JIS）では粘度によってＡ重油，Ｂ重油，Ｃ重油に分類される．

・石油臭がある．

(ii) 危険性

・引火点以下でも，霧状のものは危険性が大きい．

・引火すると，液温が高くなっているので消火が困難である．

・不純物として含まれる硫黄は，燃焼によって亜硫酸（H_2SO_3）（有毒）

を生じる.

・静電気を発生，蓄積しやすい.

(iii)　消火方法

粉末消火剤，二酸化炭素消火剤，泡消火剤等を用いて窒息消火する.

(2)　クレオソート油

(i)　主な性質

・特異臭のある黄色又は暗緑色の油状の液体である.

・水に不溶で，アルコールやエーテルに溶ける.

(ii)　危険性

蒸気には毒性がある.

(iii)　消火方法

重油と同じ.

(3)　アニリン　$C_6H_5NH_2$

(i)　主な性質

・特異臭のある無色又は淡黄色の液体である.

・水にわずかに溶解し，アルコールやエーテル，ベンゼンに溶けやすい.

(ii)　危険性

有毒である.

(iii)　消火方法

重油と同じ.

(4)　ニトロベンゼン　$C_6H_5NO_2$

(i)　主な性質

・特異臭（芳香臭）のある淡黄色又は暗黄色の液体である.

・水に不溶で，アルコールやエーテルに極めて溶けやすい.

(ii) 危険性

蒸気は有毒である.

(iii) 消火方法

重油と同じ.

(5) エチレングリコール　$HOCH_2CH_2OH$

(i) 主な性質

・無臭で無色透明の液体である.

・水，アルコール，アセトンに溶けやすいが，エーテルに不溶である.

(ii) 危険性

加熱しない限り，引火の危険性は低い.

(iii) 消火方法

・粉末消火剤，二酸化炭素消火剤，泡消火剤（水溶性液体用）等を用いて窒息消火する.

・水噴霧による窒息消火も効果的である.（[**棒状**] 放水は [**厳禁**]）

(6) グリセリン　$HOCH_2CH(OH)CH_2OH$

(i) 主な性質

・無臭で無色透明の粘性のある液体である.

・水，アルコール，アセトンに溶けやすい.

(ii) 危険性

エチレングリコールと同じ.

(iii) 消火方法

エチレングリコールと同じ.

5.7 第４石油類（指定数量：6000 L）

第4石油類とは，ギヤー油，シリンダー油，その他１気圧において引火点が200 ℃以上250 ℃未満のものをいい，下記のようなものがある.

	比　重	例
潤滑油	約0.82～0.95	電気絶縁油，タービン油，モーター油（エンジンオイル），シリンダー油，ギヤー油，マシン油（機械油），冷凍機油，切削油等
可塑剤	約0.92～1.2	フタル酸ジ-n-ブチル，フタル酸ジオクチル，りん酸トリクレジル，アジピン酸-2-エチルヘキシル等

(1) 潤滑油及び可塑剤

(i) 主な性質

・粘性のある液体である.

・水に溶けない.

・水より軽いものが多いが，水より重いものもある.

(ii) 危険性

・揮発しにくく，加熱しない限り，引火の危険性は低い.
ただし，いったん燃焼すると，液温が高くなっているので消火しにくい.

(iii) 消火方法

粉末消火剤，二酸化炭素消火剤，泡消火剤等を用いて窒息消火する.

5.8 動植物油類（指定数量：10000 L）

動植物油類とは，動物の脂肉等又は植物の種子もしくは果肉から抽出したものであって，１気圧において引火点が250 ℃未満のものをいい，下記のようなものがある．

	ヨウ素価	例
乾性油	130以上	アマニ油，キリ油，エノ油等
半乾性油	100以上，130未満	綿実油，ゴマ油，菜種油等
不乾性油	100未満	オリーブ油，パーム油，ヒマシ油等

※ヨウ素価とは油脂 100 g に吸収するヨウ素のグラム数のことをいい，ヨウ素価によって，乾性油，半乾性油，不乾性油に分類される．

(1) 動植物油類

(i) 主な性質

・無色透明又は淡黄色の液体である．

・水に溶けない．

・水より軽い．

(ii) 危険性

・揮発しにくく，加熱しない限り，引火の危険性は低い．
ただし，いったん燃焼すると，液温が高くなっているので消火しにくい．

・布等に染み込んだ乾性油は酸化して自然発火しやすい．
（ヨウ素価が大きいほど乾きやすく，自然発火しやすい）

(iii) 消火方法

粉末消火剤，二酸化炭素消火剤，泡消火剤等を用いて窒息消火する．

第6章 第5類危険物

6.1 共通の性質

⑴ 概要

[可燃性] の [固体] 又は [液体] で，燃えやすい物質である．

分子中に [酸素] を含有するものが多く，空気がなくても [自己燃焼（内部燃焼）] する．

燃焼速度が速く，加熱，衝撃，摩擦等により，発火，爆発するものが多い．

⑵ 特徴

第5類危険物とは自己反応性物質であり，次のような性質を有する．

・いずれも可燃性の固体又は液体である．（常温で固体のものの方が多い．）
・比重は1より [大きい]．
・燃えやすい物質である．
・燃焼速度が [速い]．
・加熱，衝撃，摩擦等により [発火] し，[爆発] するものが多い．
・空気中に長期間放置すると分解が進み，[自然発火] するものがある．
・引火性のものがある．
・金属と作用して，[爆発性] の金属塩を形成するものがある．

⑶ 火災予防

第5類危険物の火災予防は，次のように行う．

・火気又は加熱等を避ける．
・衝撃や摩擦等を避ける．
・分解しやすいものは，室温，湿気，通風に注意する．

⑷ 消火方法

一般的に，大量の水又は泡消火剤を用いて [冷却消火] する．

ただし，危険物の量が少ないとき，火災の初期段階では有効であるが，危険物の量が多いときは，消火は極めて困難になる．

Oneポイント アドバイス!!

第5類危険物の多くは自己燃焼するため，窒息消火は効果がない．また，燃焼速度が速いため，消火自体が困難．

アジ化ナトリウム等，水系の消火剤が使用できないものもあるので注意．

6.2 有機過酸化物（第1種自己反応性物質，指定数量10 kg）

有機過酸化物とは，過酸化水素（H_2O_2，H－O－O－H：第6類危険物）の誘導体とみなされ，過酸化水素の水素原子1個又は2個が様々な官能基と置換した化合物である．分子内の－O－O－結合は［ペルオキシ基］といい，非常に壊れやすく，条件によっては爆発的に分解する．代表的なものに，下記のようなものがある．

消火は大量の水や泡消火剤を用いて分解温度以下まで冷却することが有効である．

	過酸化ベンゾイル	メチルエチルケトンパーオキサイド	過酢酸
化学式	$(C_6H_5CO)_2O_2$	$C_8H_{16}O_4$	CH_3COOOH
形　状	白色の粒状結晶（無臭）	無色透明の油状液体（特異臭）	無色の液体（強い刺激臭）
比　重	1.33	1.12	1.2
融　点	106～108 ℃	－20 ℃以下	0.1 ℃
沸　点	—	—	105 ℃
引火点	—	72 ℃（開放式）	41 ℃
発火点	125 ℃	—	—
溶解性	水に不溶 有機溶剤に可溶	水に不溶 ジエチルエーテルに可溶	水に易溶 アルコール，ジエチルエーテル，硫酸に易溶

※他にも過酸化アセトン等がある．

メチルエチルケトンパーオキサイドは，メチルエチルケトン（第4類危険物）と過酸化水素（第6類危険物）との反応による生成物の総称であり，その成分は反応条件によって異なる．

⑴　過酸化ベンゾイル　$(C_6H_5CO)_2O_2$

（ⅰ）危険性

・強い酸化作用がある.

・加熱すると，100 ℃前後で白煙を発生し，激しく分解する.

・加熱，衝撃，摩擦，光等によって分解し，爆発することがある.

・強酸，アミン類，有機物と接触すると，燃焼又は爆発することがある.

・着火すると，黒煙を上げて燃焼する.

（ⅱ）火災予防

・加熱，衝撃，摩擦，直射日光を避ける.

・強酸や有機物との接触を避ける.

・乾燥した状態で取り扱わない（乾燥したものは爆発の危険性がある）.

・密栓し，換気のよい冷暗所に保管する.

（ⅲ）消火方法

・大量の水，又は泡消火剤等で冷却消火する.

・高濃度の場合は爆発することもあるので注意する（自己燃焼性のため，窒息消火は効果がない）.

⑵　メチルエチルケトンパーオキサイド　$C_8H_{16}O_4$（$(CH_3COC_2H_5)_2O_2$等）

（ⅰ）危険性

・40 ℃以上で分解が促進される.

・ぼろ布や鉄さびに接触すると，30 ℃以下でも分解する.

・直射日光や衝撃等によって分解し，発火することがある.

・引火すると激しく燃焼する.

（ⅱ）火災予防

・火気，加熱，衝撃，直射日光を避ける.

・異物（有機物や金属等）との接触を避ける.

・容器は通気性をもたせ，密栓しない（密栓すると内圧が上がり，分解を促進する).

・通風の良い冷暗所に保管する.

(iii)　消火方法

大量の水，又は泡消火剤等で冷却消火する（自己燃焼性のため，窒息消火は効果がない).

(3)　過酢酸　CH_3COOOH

(i)　危険性

・引火性がある.

・強い酸化作用があり，助燃作用もある.

・110 ℃に加熱すると，発火・爆発する.

・皮膚や粘膜に激しい刺激作用がある.

(ii)　火災予防

・火気や加熱を避ける.

・冷暗所に保管する.

(iii)　消火方法

大量の水，又は泡消火剤等で冷却消火する（自己燃焼性のため，窒息消火は効果がない).

6.3　硝酸エステル類（第１種自己反応性物質，指定数量 10 kg）

硝酸エステル類とは，硝酸（HNO_3）の水素原子（H）がアルキル基（C_nH_{2n+1}）と置き換わった化合物の総称で，下記のようなものがある.

いずれも分解によって発生する一酸化窒素（NO）が触媒となり，**［自然発火］**することがある.

消火が困難なものが多いことから，火災予防が重要である.

	硝酸メチル	硝酸エチル	ニトログリセリン
化学式	CH_3NO_3	$C_2H_5NO_3$	$C_3H_5(ONO_2)_3$
形状	無色透明の液体	（甘味，芳香臭）	無色の油状液体 （甘味）
比重	1.22	1.11	1.6
融点	—	—	13 ℃ （約8 ℃で凍結）
沸点	66 ℃	87.2 ℃	160 ℃
引火点	15 ℃	10 ℃	—
蒸気比重	2.65	3.14	7.84
溶解性	水にほぼ不溶 アルコール，ジエチルエーテルに可溶	水に微溶 アルコール，ジエチルエーテルに可溶	水にほぼ不溶 有機溶剤に可溶

	ニトロセルロース		
含有窒素	12.8 %を超える	12.5 ～ 12.8 %	12.5 %未満
	強硝化綿	ピロ綿薬	弱硝化綿
外観	原料の紙や綿と同じ（無味無臭）		
比重	1.7		
発火点	160～170 ℃		
溶解性	水に不溶 アセトン，酢酸エチルに可溶		
	ジエチルエーテル－アルコール（2：1）に不溶	ジエチルエーテル－アルコール（2：1）に可溶	

⑴　硝酸メチル　CH_3NO_3

(i)　危険性

・引火性で爆発しやすい．

(ii)　火災予防

・火気を近づけない．

・直射日光を避け，通風の良い冷暗所に保管する．

・密栓する．

(iii)　消火方法

一旦燃焼すると，消火は困難である．

(2)　硝酸エチル　$C_2H_5NO_3$

(i)　危険性

硝酸メチルと同じ．

(ii)　火災予防

硝酸メチルと同じ．

(iii)　消火方法

硝酸メチルと同じ．

(3)　ニトログリセリン　$C_3H_5(ONO_2)_3$（別名：三硝酸グリセリン）

(i)　危険性

・有毒である．
・加熱，衝撃，摩擦により爆発する．
・凍結させたものは液体のものより危険である．

(ii)　火災予防

・加熱，衝撃，摩擦を避ける．
・こぼれて床面等を汚染したときは，水酸化ナトリウム（苛性ソーダ，NaOH）のエタノール溶液（NaOHをエタノールに溶かしたもの）で拭き取る．

(iii)　消火方法

爆発するので，消火は困難である．

(4)　ニトロセルロース（別名：硝化綿）

(i)　危険性

・含有窒素が多いほど，爆発の危険性が高くなる．

・合成時の酸が残存していると，直射日光や加熱によって自然発火することがある.

(ii)　火災予防

・加熱，打撃，摩擦を避ける.
・水又はアルコールを加えて湿綿とし，安定剤を加えて冷暗所に保管する（保護液の量に注意する).
・火薬類取締法に定める安定度試験を定期的に実施し，耐熱性の悪くなったものは安全な方法で処理する.

(iii)　消火方法

大量の水，又は泡消火剤等で冷却消火する（自己燃焼性のため，窒息消火は効果がない).

6.4 ニトロ化合物（第１種自己反応性物質，指定数量 10 kg）

炭素原子（C）を基本骨格とし，水素（H）や酸素原子（O）等から構成されるものを有機化合物といい，この有機化合物の炭素に結合している水素がニトロ基（NO_2）と置き換わった化合物の総称をニトロ化合物という．

ニトロ化合物には下記のようなものがあるが，いずれも消火が困難である．

	ピクリン酸	トリニトロトルエン
化学式	$C_6H_2(NO_2)_3OH$	$C_6H_2(NO_2)_3CH_3$
形　状	黄色の結晶 （無臭，苦味）	淡黄色の結晶 （日光によって茶褐色に変色）
比　重	1.77	1.65
融　点	123 ℃（融点付近で昇華）	81 ℃
沸　点	255 ℃	—
引火点	207 ℃	—
発火点	320 ℃	230 ℃
溶解性	冷水に不溶，熱湯に可溶 アルコール，ジエチルエーテル， ベンゼン等に可溶	水に不溶 ジエチルエーテルや加熱した アルコールに可溶

※他にもトリニトロトルエンの類似物として，ニトロ基が２つのジニトロトルエンがあるが，ニトロ基が１つのニトロトルエンは第４類危険物に分類される．

⑴ ピクリン酸　$C_6H_2(NO_2)_3OH$（別名：トリニトロフェノール）

（i）危険性

・[**毒性**] がある．

・[**酸性**] を示し，金属と作用して [**爆発性**] の金属塩を生成する．

・急激に加熱すると，約300 ℃で爆発することがある．

・少量に点火すると，ばい煙を発生して燃える．

・よう素，ガソリン，アルコール，硫黄等と混合したものは，打撃や摩擦等によって激しく爆発することがある（単独でも，打撃，衝撃，摩擦によって，発火や爆発することがある）．

(ii)　火災予防

・乾燥すると危険なので，乾燥しないように注意する.

・火気，打撃，衝撃，摩擦を避ける.

・酸化されやすい物質（よう素，硫黄等）との混合を避ける.

(iii)　消火方法

・大量の水，又は泡消火剤等で冷却消火する.

・一旦燃焼すると，消火は困難である.

(2)　トリニトロトルエン　$C_6H_2(NO_2)_3CH_3$（略称：T.N.T.（ティー・エヌ・ティー））

(i)　危険性

・酸化されやすいものと混合したものは，打撃等によって爆発することがある.

・固体よりも溶融状態の方が危険である.

・ピクリン酸よりも，やや安定している.

(ii)　火災予防

・火気や打撃を避ける.

(iii)　消火方法

ピクリン酸と同じ.

Oneポイントアドバイス!!

ピクリン酸は酸性なので金属と反応するが，トリニトロトルエンは金属と反応しない.

6.5 ニトロソ化合物（第 2 種自己反応性物質，指定数量 100 kg）

ニトロソ化合物とは，ニトロソ基（−N＝O）を有する有機化合物であり，ジニトロソペンタメチレンテトラミン等がある．

	ジニトロソペンタメチレンテトラミン
分子式	$C_5H_{10}N_6O_2$
形　状	淡黄色の粉末
融　点	255 ℃
溶解性	水，アルコール，ジエチルエーテル，ベンゼンに微溶

(1) ジニトロソペンタメチレンテトラミン　$C_5H_{10}N_6O_2$（略称：DPT）

(i) 危険性

・約 200 ℃で分解し，ホルムアルデヒド，アンモニア，窒素等を生じる．

・加熱，摩擦，衝撃等により，爆発的に燃焼することがある．

・強酸との接触により発火することがある．

・有機物との混合により発火することがある．

(ii) 火災予防

・火気，加熱，摩擦，衝撃を避ける．

・酸との接触を避ける．

・通風の良い冷暗所で保管する．

(iii) 消火方法

大量の水，又は泡消火剤等で冷却消火する．

6.6 アゾ化合物（第2種自己反応性物質，指定数量 100 kg）

アゾ化合物とは，アゾ基（－N＝N－）を有する有機化合物の総称で，アゾビスイソブチロニトリル（AIBN）や，2，2'－アゾビスイソ酪酸ジメチル（MAIB）等がある．

	アゾビスイソブチロニトリル
化学式	$[C(CH_3)_2CN]_2N_2$
形　状	白色の結晶性粉末
融　点	98～102 ℃
溶解性	水に難溶 アルコール，ジエチルエーテルに可溶

(1) アゾビスイソブチロニトリル　$[C(CH_3)_2CN]_2N_2$（略称：AIBN）

(i) 危険性

・融点以上に加熱すると分解し，窒素とシアンガスを発生する．
（このとき，発火はしない）

(ii) 火災予防

・加熱，直射日光を避ける．
・可燃物を遠ざけ，冷暗所に保管する．（室温でも徐々に分解する）

(iii) 消火方法

大量の水，又は泡消火剤等で冷却消火する．

6.7 ジアゾ化合物（第2種自己反応性物質，指定数量 100 kg）

ジアゾ化合物とは，ジアゾ基（$N_2=$）を有する有機化合物の総称で，ジアゾジニトロフェノール等がある．

	ジアゾジニトロフェノール
分子式	$C_6H_2N_4O_5$
形　状	黄色の不定形粉末（光によって褐色に変色）
比　重	1.63
融　点	169 ℃
発火点	180 ℃
溶解性	水にほぼ不溶 アセトンに可溶

(1) ジアゾジニトロフェノール　$C_6H_2N_4O_5$

(i) 危険性

・加熱，衝撃，摩擦により，容易に爆発する．

(ii) 火災予防

・火気，加熱，衝撃，摩擦を避ける．

・水中又はアルコール水溶液中で保管する．

(iii) 消火方法

爆発するため，一般に消火は困難である．

6.8 ヒドラジンの誘導体（第２種自己反応性物質，指定数量 100 kg）

ヒドラジンの誘導体とは，ヒドラジン（NH_2NH_2）をベースとして生成させた化合物で，硫酸ヒドラジン等がある．

	硫酸ヒドラジン
化学式	$NH_2NH_2 \cdot H_2SO_4$
形　状	白色の結晶
比　重	1.37
融　点	254 ℃（融点以上に加熱すると分解する）
溶解性	冷水に不溶，温水に可溶（水溶液は酸性） アルコールに不溶

※他にもヒドラジン二塩酸塩（$NH_2NH_2 \cdot 2HCl$）等がある．

⑴　硫酸ヒドラジン　$NH_2NH_2 \cdot H_2SO_4$

(i)　危険性

・融点以上に加熱すると分解し，アンモニア，二酸化硫黄，硫化水素，硫黄を生成する（このとき，発火はしない）．

・酸化剤と激しく反応する（還元性が強い）．

・アルカリと接触してヒドラジンを遊離する．

・皮膚，粘膜を刺激する．

(ii)　火災予防

・酸化剤，アルカリ，可燃物との接触を避ける．

・火気，直射日光を避ける．

(iii)　消火方法

大量の水，又は泡消火剤等で冷却消火する．

分解生成物は有毒なので，防塵マスク，保護めがね，ゴム手袋等の保護具を着用する．

6.9 ヒドロキシルアミン（第２種自己反応性物質，指定数量 100 kg）

ヒドロキシルアミンとは，ヒドロキシ基（OH）を有するアミン，すなわち，示性式がNH_2OHの無機化合物である．

	ヒドロキシルアミン
化学式	NH_2OH
形　状	白色の結晶
比　重	1.20
融　点	33 ℃
引火点	100 ℃
発火点	130 ℃
溶解性	水に可溶 アルコールに可溶
潮解性	あり

(1) ヒドロキシルアミン　NH_2OH

(i) 危険性

・加熱すると分解し，強熱すると爆発する．

・火気や高温体に接触すると爆発的に燃焼する．

・紫外線の照射によって爆発する．

(ii) 火災予防

・火気や高温体との接触を避ける．

・密栓して冷暗所に保管する．

(iii) 消火方法

大量の水，又は泡消火剤等で冷却消火する．

防塵マスク，保護めがね，ゴム手袋等の保護具を着用する．

6.10 ヒドロキシルアミン塩類（第２種自己反応性物質，指定数量 100 kg）

ヒドロキシルアミン塩類とは，ヒドロキシルアミンと酸との中和反応によって生成した塩で，下記のようなものがある．

	硫酸ヒドロキシルアミン	塩酸ヒドロキシルアミン
化学式	$H_2SO_4 \cdot (NH_2OH)_2$	$HCl \cdot NH_2OH$
形　状	白色の結晶	
比　重	1.9	1.7
融　点	170 ℃	151～152 ℃（分解）
溶解性	水に可溶（水溶液は強酸性で金属を腐食する）	
	アルコールにほぼ不溶	アルコールに微溶
潮解性	あり	

(1) 硫酸ヒドロキシルアミン　$H_2SO_4 \cdot (NH_2OH)_2$

(i) 危険性

・火気や高温体に接触すると爆発的に燃焼する．

・強力な還元剤で，酸化剤と激しく反応する．

(ii) 火災予防

・火気や高温体との接触を避ける．

・湿気を避け，乾燥した状態を保つ．

・金属を腐食するため，金属以外の容器で保管する．

(iii) 消火方法

・大量の水，又は泡消火剤等で冷却消火する．

・防塵マスク，保護めがね，ゴム手袋等の保護具を着用する．

(2) 塩酸ヒドロキシルアミン　$HCl \cdot NH_2OH$

(i) 危険性

硫酸ヒドロキシルアミンと同じ．

(ii)　火災予防

硫酸ヒドロキシルアミンと同じ.

(iii)　消火方法

硫酸ヒドロキシルアミンと同じ.

6.11　その他のもので政令で定めるもの（第２種自己反応性物質，指定数量 100 kg）

その他のものとして，金属のアジ化物，硝酸グアニジン，１－アリルオキシ－2，3－エポキシプロパン，4－メチレン－2－オキセタノンが定められている.

Ⅰ　金属のアジ化物

	アジ化ナトリウム
化学式	NaN_3
形　状	無色の板状結晶
比　重	1.85
溶解性	水に可溶 エタノールに難溶，ジエチルエーテルに不溶

(1)　アジ化ナトリウム　NaN_3

(i)　危険性

・ゆっくり加熱すると融解し，約300 ℃で分解して，金属ナトリウム（第３類危険物）と窒素を生じる.

$$2\,NaN_3 \rightarrow 2\,Na + 3\,N_2$$

・酸と反応して，［**有毒**］で［**爆発性**］のアジ化水素酸（HN_3）を生成する.

・水の存在下で重金属を作用させると，極めて爆発性の高いアジ化物を生成する.

・皮膚に触れると炎症を起こす.

Oneポイント アドバイス!!

爆発性の物質を生成するが，アジ化ナトリウム自体には爆発性はない.

(ii)　火災予防

・酸や金属（特に重金属）を避けて保管する.

・直射日光を避け，換気のよい冷暗所に保管する.

(iii)　消火方法

乾燥砂で窒息消火する.

Oneポイント アドバイス!!

水系の消火剤は，熱によって金属ナトリウムが生成するため厳禁.
ハロゲン化物消火剤はアジ化ナトリウムと反応するため使用できない.

II　硝酸グアニジン

	硝酸グアニジン
分子式	$CH_6N_4O_3$
形　状	白色の結晶
比　重	1.44
融　点	215 ℃
溶解性	水に可溶 アルコールに可溶

(1)　硝酸グアニジン　$CH_6N_4O_3$（別名：グアニジン硝酸塩）

(i)　危険性

急激な加熱や衝撃によって，爆発することがある.

(ii)　火災予防

加熱や衝撃を避ける.

(iii) 消火方法

注水して冷却消火する.

Ⅲ　１－アリルオキシ－２，３－エポキシプロパン

	1－アリルオキシ－2，3－エポキシプロパン
分子式	$C_6H_{10}O_2$
形　状	無色の液体（特異臭）
比　重	0.97
融　点	－100 ℃
沸　点	154 ℃
引火点	51 ℃
溶解性	水に可溶 アルコール，アセトンに可溶

(1) １－アリルオキシ－２，３－エポキシプロパン　$C_6H_{10}O_2$（別名：アリルグリシジルエーテル）

(i) 危険性

・爆発性の過酸化物を生成することがある.

・強力な酸化剤，強酸，強塩基と激しく反応する.

(ii) 火災予防

・火気，加熱，衝撃，摩擦を避ける.

・強力な酸化剤，強酸，強塩基を避ける.

・直射日光を避け，換気の良い冷暗所に保管する.

(iii) 消火方法

・粉末，泡，二酸化炭素消火剤で窒息消火する.

・水噴霧で冷却消火する.

・有機ガス用防毒マスク，保護めがね，ゴム手袋等の保護具を着用する.

Ⅳ　４－メチレン－２－オキセタノン

	4－メチレン－2－オキセタノン
分子式	$C_4H_6O_2$
形　状	無色の液体（ミント臭）
比　重	1.05
融　点	－44 ℃
沸　点	87 ℃／50 mmHg
引火点	60 ℃
溶解性	水に可溶 アルコール，アセトンに可溶

⑴　４－メチレン－２－オキセタノン　$C_4H_6O_2$（別名：β－ブチロラクトン）

（ⅰ）危険性

・強酸化剤，強塩基と反応する．

（ⅱ）火災予防

・火気，加熱，衝撃を避ける．

・強酸化剤，強塩基を避ける．

（ⅲ）消火方法

・粉末，泡，二酸化炭素消火剤で窒息消火する．（棒状注水は厳禁）

・有機ガス用防毒マスク，保護めがね，ゴム手袋等の保護具を着用する．

第7章 第６類危険物

7.1 共通の性質

(1) 概要

それ自体は［不燃性］であるが，［酸化力］の強い［液体］である．

周囲に可燃物が混在するときはその物質を酸化させ，燃焼を促進させる危険性がある．

［腐食性］があり，その蒸気は［有毒］である．

(2) 特徴

第６類危険物とは酸化性液体であり，次のような性質を有する．

・いずれも不燃性の液体である．すなわち，燃えない．
・いずれも［無機化合物］である．
・水と反応して発熱するものがある．
・［酸化力］が強いため，可燃物や有機物等を酸化させ，場合によっては着火させることがある．
・［腐食性］があり，皮膚を侵す．
・蒸気は［有毒］である．

(3) 火災予防

第６類危険物の火災予防は，次のように行う．

・火気や直射日光を避ける．
・可燃物や有機物等の酸化されやすい物質との接触を避ける．
・耐酸性の容器に入れ，密封して保管する（過酸化水素を除く）．
・水と反応するものは，水との接触を避ける．
・通風の良い場所で取り扱う．

(4) 消火方法

第６類危険物自体は不燃性であるが，酸素を供給して燃焼を促進するため，燃焼物に対応した消火方法をとることが有効である．これらのことから，消火は次のように行う．

・一般的には［水］や［泡］消火剤を用いた消火が適切である（ハロゲン間化合物を除く）．
・二酸化炭素，ハロゲン化物，炭酸水素塩類が含まれている粉末消火剤は使用できない．

◆　消火の際の一般的な注意事項

・大量の水を使用するときは，危険物が飛散しないようにする．
・流出したときは，乾燥砂をかけるか，中和剤で中和する．
・発生するガスを吸引しないようマスクを着用し，風上で作業する．
・皮膚を保護する．

7.2 過塩素酸（指定数量：300 kg）

過塩素酸塩（第1類危険物）の蒸留によって得られる不安定な物質で，放置すると分解し，加熱すると爆発する．

多量の水を用いた［注水消火］が最も効果的である．

	過塩素酸
化学式	$HClO_4$
形　状	無色の発煙性液体（刺激臭）
比　重	1.77
沸　点	39 ℃／56 mmHg
溶解性	水に可溶（発熱） （一般的に，60～70 %の水溶液として市販されている） アルコールに可溶（発火又は爆発の危険性）

⑴　過塩素酸　$HClO_4$

(i)　危険性

・密閉容器中で冷暗所に保管しても次第に分解し，黄変する（この分解生成物が触媒となり，やがて爆発的分解を起こす）．

・水中に滴下すると，音を発するとともに発熱する．
・アルコール等の有機物と混合すると，急激な酸化反応を起こし，発火又は爆発する危険性がある．
・加熱すると爆発する．
・おがくずや木片等の有機物との接触により，自然発火することがある．
・皮膚等を腐食する．

(ii)　火災予防
・定期的に検査し，変色しているものは廃棄する．
・有機物との接触を避ける．
・加熱を避ける．

(iii)　消火方法
多量の水を用いて注水消火する．

7.3 過酸化水素（指定数量：300 kg）

分子内にペルオキシ基（－O－O－）を有し，極めて不安定である．通常は水溶液として取り扱われるが，水溶液も不安定で，酸素と水に分解する．

消火は注水によって行う．

	過酸化水素
化学式	H_2O_2
形　状	純粋なものは無色の粘性のある液体（弱酸性）
比　重	1.44
沸　点	151 ℃
溶解性	水に可溶（任意の割合で混合） ジエチルエーテルやアルコールに可溶 ベンゼンに不溶

⑴　過酸化水素　H_2O_2

ⅰ　危険性

・濃度が50％以上の溶液は，常温でも水と酸素に分解する．

$$2H_2O_2 \rightarrow 2H_2O + O_2$$

・熱や日光によって速やかに分解する．

・金属粉や有機物が混入したものは，加熱や動揺によって発火，爆発することがある．

・皮膚に触れると火傷する．

ⅱ　火災予防

・分解を抑制するための安定剤（りん酸，尿酸，アセトアニリド等）を添加する．

・容器は密栓せず，通気用の穴のある栓を用いる．
（分解で発生した酸素ガスによって，容器の破裂を防止するため）

・直射日光を避け，冷暗所に保管する．

・有機物等の接触を避ける．

・漏えいしたときは多量の水で洗い流す．

ⅲ　消火方法

注水消火する．

参考

過酸化水素は一般的に酸化剤として作用するが，硫酸酸性で過マンガン酸カリウム（第１類）と反応させるときは還元剤として作用する．

$$2KMnO_4 + 5H_2O_2 + 3H_2SO_4 \rightarrow 2MnSO_4 + K_2SO_4 + 5O_2 + 8H_2O$$

7.4 硝酸（指定数量：300 kg）

硝酸はアンモニア（NH_3）の酸化によって得られ，発煙硝酸は濃硝酸に［二酸化窒素］を加圧して飽和させたものである．硝酸は強力な酸化剤であるが，発煙硝酸は硝酸よりも酸化力が［強い］．

硝酸自体は不燃性であるため，消火は燃焼物に適応した消火剤を用いる．

	硝　酸	発煙硝酸
化学式	HNO_3	
形　状	無色の液体	赤色又は赤褐色の液体 （98 %以上の硝酸）
比　重	1.50以上	1.52以上
沸　点	86 ℃	－
溶解性	水に易溶（水溶液は強酸性）	水に可溶

(1)　硝酸　HNO_3

(i)　危険性

- 湿気を含む空気中では，褐色の発煙を生じる．
- 加熱や日光により分解する．

$$4\,HNO_3 \rightarrow 2\,H_2O + 4\,NO_2 + O_2$$

- 硝酸の蒸気及び分解で発生する窒素酸化物のガス（二酸化窒素）は極めて有毒である．
- 木片や紙等の有機物と接触して発火することがある．
  特に，二硫化炭素（第４類危険物），アミン類，ヒドラジン類と接触すると，発火又は爆発する．
- 多くの金属（銅や銀等）を腐食する（鉄，ニッケル，クロム，アルミニウム等は，希硝酸に侵されるが，濃硝酸には侵されない．白金及び金は硝酸と反応しない）．
- 皮膚に触れると，皮膚を侵す．

(ii)　火災予防

- 有機物との接触を避ける．
- 直射日光を避け，通風の良い冷暗所に保管する．

・ステンレスやアルミ製の容器に入れて密栓する．

(iii) 消火方法

燃焼物に応じた消火方法をとる．

(2) 発煙硝酸　HNO_3

(i) 危険性

・空気中では，窒息性で赤褐色の蒸気（二酸化窒素）を発生する．

・木片や紙等の有機物と接触して発火することがある．
特に，二硫化炭素（第４類危険物），アミン類，ヒドラジン類と接触すると，発火又は爆発する．

・皮膚に触れると，皮膚を侵す．

・酸化力は硝酸より強い．

(ii) 火災予防

硝酸と同じ．

(iii) 消火方法

硝酸と同じ．

7.5 その他のもので政令で定めるもの（指定数量：300 kg）

その他のものとして，ハロゲン間化合物が定められている．ハロゲン間化合物とは，複数のハロゲン元素が結合した化合物の総称で，加水分解しやすく，酸化剤としての性質を示す．代表的なものに，下記のようなものがある．

いずれも水と反応して有毒物質を発生することから，消火は粉末消火剤又は乾燥砂を用いて窒息消火する．

	三ふっ化臭素	五ふっ化臭素	五ふっ化よう素
化学式	BrF_3	BrF_5	IF_5
形　状	無色の液体		
比　重	2.8	2.46	3.2
融　点	9 ℃（低温で固化）	−60 ℃	9.4 ℃（低温で固化）
沸　点	126 ℃	41 ℃（気化しやすい）	98 ℃
溶解性	硫酸に溶ける	—	—

※他にも，一ふっ化臭素（BrF），三ふっ化塩素（ClF_3），一塩化臭素（BrCl）等がある．

(1)　三ふっ化臭素　BrF_3

(i)　危険性

・空気中で発煙する．

・水と接触すると，［猛毒］で［腐食性］のふっ化水素ガス（HF）を発生する．

$$2\,BrF_3 + 4\,H_2O \rightarrow HBrO_3 + 6\,HF + HBrO$$

・可燃物と接触すると発熱し，自然発火することがある．

(ii)　火災予防

・水とは接触させない．

・可燃物との接触を避ける．

・容器は密栓する．

(iii)　消火方法

粉末消火剤又は乾燥砂を用いて窒息消火する．

水系の消火剤（水，泡，強化液等）は厳禁．

Oneポイント　アドバイス!!

水との反応によって発生するふっ化水素（水溶液はふっ化水素酸）は，毒物及び劇物取締法で毒物に指定されており，大部分の金属，ガラス，コンクリート等を腐食する．

このことから，ふっ化水素の発生の危険性があるものは，金属やガラス製の容器を避け，テフロン製の容器等を用いる．

(2) 五ふっ化臭素　BrF_5

(i) 危険性

・水と接触すると，猛毒で腐食性のふっ化水素ガスを発生する．

$$BrF_5 + 3\,H_2O \rightarrow HBrO_3 + 5\,HF$$

・三ふっ化臭素よりも反応性に富む．

(ii) 火災予防

三ふっ化臭素と同じ．

(iii) 消火方法

三ふっ化臭素と同じ．

(3) 五ふっ化よう素　IF_5

(i) 危険性

・水と接触すると，猛毒で腐食性のふっ化水素ガスを発生する．

$$IF_5 + 3\,H_2O \rightarrow HIO_3 + 5\,HF$$

(ii) 火災予防

三ふっ化臭素と同じ．

(iii) 消火方法

三ふっ化臭素と同じ．

■ Note

本試験形式
模擬試験問題

模擬試験問題　No.1
模擬試験問題　No.2
模擬試験問題　No.3

模擬試験問題　No. 1　（試験時間　150分）

危険物に関する法令

問1　法に定める危険物の種別と品名の組み合わせで，次のうち誤っているものはどれか．

1　無機過酸化物や亜塩素酸塩類は，第1類危険物に該当する．
2　硫化りんや赤りんは，第2類危険物に該当する．
3　黄りんやマグネシウムは，第3類危険物に該当する．
4　アゾ化合物やヒドラジン誘導体は，第5類危険物に該当する．
5　過塩素酸や過酸化水素は，第6類危険物に該当する．

問2　法令上，次の危険物を同一の場所で貯蔵又は取り扱う場合，指定数量の倍数が正しいものはどれか．

硫　黄	25 kgの塊	20個
エタノール	100 Lの缶	10本
硝酸	30 kgの瓶	25本

1　1倍　　2　4.5倍　　3　8.5倍
4　10倍　　5　15倍

問3　仮貯蔵に関する次の文の(A)～(C)について，正しい語句の組み合わせはどれか．

「指定数量以上の危険物であっても，(A)の(B)を受けた場合，(C)の間に限り，仮に貯蔵し，又は取り扱うことができる」

	(A)	(B)	(C)
1	市町村長等	許可	10日未満
2	市町村長等	承認	10日以内
3	所轄消防長又は消防署長	許可	10日以内
4	所轄消防長又は消防署長	承認	10日未満
5	所轄消防長又は消防署長	承認	10日以内

問4 **法令上，製造所等に関する諸手続きとして，次のうち誤っているものはどれか．**

1 製造所等を設置しようとする者は，市町村長等の許可を受けなければならない．

2 製造所等の構造を変更しようとする者は，変更しようとする10日間前までに，その旨を市町村長等に届け出なければならない．

3 製造所等の位置，構造，又は設備を変更しないで，危険物の品名を変更しようとする者は，変更しようとする10日間前までに，その旨を市町村長等に届け出なければならない．

4 製造所等の譲渡又は引渡があったときは，遅延なくその旨を市町村長等に届け出なければならない．

5 製造所等の用途を廃止したときは，遅延なくその旨を市町村長等に届け出なければならない．

問5 **法令上，製造所等の所有者が，危険物施設保安員に行わせる業務として，次のうち誤っているものはどれか．**

1 危険物の取扱作業を行う作業者に対し，技術上の基準に適合するように指示を与えさせた．

2 向こう1年間以内に，定期点検及び臨時点検をそれぞれ1回ずつ行わせた．

3 新たに定期点検を実施したので，5年前の定期点検の記録を廃棄させた．

4 製造所等の設備に異常を発見したので，危険物保安監督者に連絡させ，必要な措置を講じさせた．

5 火災発生の危険性が著しく高かったので，危険物保安監督者と一緒に応急措置を講じさせた．

問6 **法令上，予防規程を定めなければならない製造所等として，次のうち正しいものはどれか.**

1 指定数量の倍数が100以上の製造所
2 指定数量の倍数が150以上の屋内貯蔵所
3 指定数量の倍数が200以上の屋内タンク貯蔵所
4 指定数量の倍数が10以上の屋外貯蔵所
5 すべての一般取扱所

問7 **法令上，定期点検が必要な製造所等として，次のうち誤っているものはどれか.**

1 地下タンクを有する製造所
2 すべての地下タンク貯蔵所
3 指定数量の倍数が200以上の屋外タンク貯蔵所
4 指定数量の倍数が100以上の屋内貯蔵所
5 地下タンクを有する一般取扱所

問8 **法令上，製造所に設ける標識又は掲示板として，次のうち正しいものはどれか.**

1 白地の板に赤色の文字で「製造所等」の名称
2 マグネシウムを取り扱う製造所では，白色の板に青色で「禁水」の文字
3 引火性固体を取り扱う製造所では，赤色の板に白色で「火気注意」の文字
4 ヒドロキシルアミン塩類を取り扱う製造所では，赤色の板に白色で「火気厳禁」の文字
5 掲示板の大きさは，いずれも長さ0.3 m以上，幅0.6 m以上

問9 **法令上，屋外貯蔵タンクの周囲に設ける防油堤の基準として，次のうち誤っているものはどれか．**

1 二硫化炭素の屋外貯蔵タンクの周囲には，防油堤を設けなくても良い．

2 2つ以上のタンクを設置する場合，防油堤の容量はタンクの合計容量の110 %以上とする．

3 防油堤の高さは0.5 m以上とする．

4 防油堤は土で造っても良い．

5 防油堤を必要とするのは，屋外タンク貯蔵所のみである．

問10 **法令上，保安対象物と保安距離の組み合わせとして，次のうち正しいものはどれか．**

	保安対象物	保安距離
1	住　居	20 m以上
2	学　校	10 m以上
3	病　院	30 m以上
4	重要文化財	30 m以上
5	高圧ガス施設	3 m以上（水平距離）

問11 **法令上，屋外貯蔵所で貯蔵及び取り扱うことができない危険物は，次のうちどれか．**

1 ベンゼン　　2 トルエン　　3 エタノール

4 灯油　　5 硫黄

問12 **法令上，消火設備等の設置として，次のうち誤っているものはどれか．**

1 地下タンク貯蔵所には，第5種消火設備を2個以上設置しなければならない．

2 指定数量の倍数が10以上の製造所には，自動火災報知設備又はその他の警報設備を設置しなければならない．

3 移動タンク貯蔵所には，指定数量の倍数に関わらず，警報設備の設置義務がない．

4 移動タンク貯蔵所には，危険物の種別に関わらず，自動車用消火器を2個以上設置すれば良い．

5 2階部分に店舗を有する給油取扱所には，避難設備を設置しなければならない．

問13 **法令上，危険物の種別に関わらず，移動タンク貯蔵所に備え付けなければならない書類として，次のうち誤っているものはどれか．**

1 完成検査済証

2 定期点検の点検記録

3 緊急時における連絡先

4 譲渡の届出

5 指定数量の倍数の変更の届出

問14 **法令上，危険物を運搬する際，運搬容器の外部に表示する注意事項として，次のうち正しいものはどれか．**

1 過酸化カリウム　火気注意，衝撃注意，可燃物接触注意，禁水

2 三硫化りん　火気厳禁

3 マグネシウム　禁水，火気厳禁

4 二硫化炭素　衝撃注意，火気厳禁

5 過酸化ベンゾイル　衝撃注意，可燃物接触注意，火気厳禁

問15 法令上，指定数量の1/10を超える危険物を運搬する際，混載が禁止されている組み合わせとして，次のうち誤っているものはどれか.

1　第1類危険物と第6類危険物
2　第2類危険物と第4類危険物
3　第2類危険物と第5類危険物
4　第3類危険物と第4類危険物
5　第3類危険物と第5類危険物

物理学及び化学

問16 単体，化合物，混合物の組み合わせとして，次のうち誤っているものはどれか.

	単　体	化合物	混合物
1	硫　黄	酢　酸	ガソリン
2	黄りん	塩　酸	空　気
3	ダイヤモンド	水	海　水
4	アルミニウム	二酸化炭素	牛　乳
5	窒　素	エタノール	灯　油

問17 分子式C_5H_{12}の構造異性体は何種類存在するか.

1　1種類　　2　2種類　　3　3種類
4　4種類　　5　5種類

問18 二酸化炭素，水，プロパン（C_3H_8）の生成熱を，それぞれ394，286，106 kJ/molとするとき，プロパンの燃焼熱として，次のうち正しいものはどれか.

1　2 kJ/mol　　2　574 kJ/mol
3　786 kJ/mol　　4　1648 kJ/mo
5　2220 kJ/mol

問19 **次の化学反応式のうち，下線を付した物質が還元されているものはどれか.**

1　$\underline{H_2S} + I_2 \rightarrow S + 2\,HI$

2　$\underline{Cu} + Cl_2 \rightarrow CuCl_2$

3　$\underline{CuO} + H_2 \rightarrow Cu + H_2O$

4　$2\,\underline{Mg} + O_2 \rightarrow 2\,MgO$

5　$4\,\underline{NH_3} + 5\,O_2 \rightarrow 4\,NO + 6\,H_2O$

問20 **下記の気体反応が平衡状態にあるとき，二酸化窒素を生成させるための条件として，次のうち正しいものはどれか.**

$N_2O_4 \rightleftarrows 2\,NO_2 - 57\ kJ$

1　減圧する　又は　冷却する

2　減圧する　又は　加熱する

3　加圧する　又は　冷却する

4　加圧する　又は　加熱する

5　圧力や温度を変化させても，平衡は移動しない

問21 **0.25 mol/Lの硫酸 20 mLを濃度不明の水酸化ナトリウム水溶液 50 mLで中和した．このときの水酸化ナトリウム水溶液の濃度として，次のうち正しいものはどれか.**

1　0.050 mol/L

2　0.10 mol/L

3　0.15 mol/L

4　0.20 mol/L

5　0.25 mol/L

問22 **静電気の帯電防止対策として，次のうち誤っているものはどれか.**

1　ポンプの流速を遅くする.

2　ゴム製の保護手袋を装着して静電気除去シートに触れる.

3　作業前に散水する.

4　天然繊維製の作業着を着用する.

5　金属製の鎖で接地する.

問23 **25 ℃，2.0×10^5 PaのメタンCH_4 2.5 Lと25 ℃，4.0×10^5 Paの一酸化炭素CO 1.5 Lを25 ℃，5.0 Lの容器に入れたとき，混合気体の全圧として，次のうち正しいものはどれか．**

1 1.0×10^5 Pa
2 1.2×10^5 Pa
3 2.2×10^5 Pa
4 4.8×10^5 Pa
5 6.0×10^5 Pa

問24 **金属の説明として，次のうち誤っているものはどれか．**

1 銀は空気中で酸化されて，黒色の酸化銀となる．
2 アルミニウムは高温の水蒸気と反応して，水素を生成する．
3 銅は希硝酸と反応して，一酸化窒素を生成する．
4 亜鉛は塩酸に溶ける．
5 鉄は濃硝酸に溶けない．

問25 **混合・混触による発火又は爆発の危険性のある組み合わせとして，次のうち誤っているものはどれか．**

1 塩素酸カリウム，赤りん
2 塩素酸カリウム，硫酸
3 アンモニア，硫酸
4 アンモニア，塩素酸カリウム
5 硝酸カリウム，赤りん

問26 **危険物の類ごとの性状として，次のうち誤っているものはどれか.**

1　無機過酸化物は第1類危険物であるが，有機過酸化物は第5類危険物である.

2　第3類危険物はほとんど可燃物であるが，一部不燃物もある.

3　第5類危険物は常温で液体と固体のものがあるが，常温で液体のものの方が多い.

4　第3類危険物は自然発火性物質又は禁水性物質であるが，両方の性質を示すものが多い.

5　第2類危険物はすべて可燃性であるが，第6類危険物はすべて不燃性である.

問27 **第1類危険物の性状として，次のうち正しいものはどれか.**

1　無色又は白色のものが多いが，有色のものもある.

2　可燃物と混合しても，加熱しない限り危険性はない.

3　酸素を含有するものは，乾燥砂による窒息消火は効果がない.

4　潮解性を示すものは，水に溶かして水溶液として保管する方が良い.

5　第1類危険物の火災の消火方法として，いずれも放水による冷却消火が効果的である.

問28 **過塩素酸アンモニウムが分解する際，次のうち生成しないものはどれか.**

1　窒素　　2　水素　　3　塩素

4　酸素　　5　水

問29 塩素酸塩類の性質として，次のうち正しいものはどれか．

1 塩素酸カリウムと塩素酸ナトリウムは潮解性を示さない．
2 塩素酸カリウムは水に可溶であるが，塩素酸ナトリウムは水に溶けない．
3 塩素酸アンモニウムはアルコールに可溶であるが，塩素酸ナトリウムはアルコールに溶けない．
4 塩素酸カリウムの危険性は，過塩素酸カリウムよりも高い．
5 塩素酸アンモニウムは，加熱しない限り危険性はない．

問30 第2類危険物の性状として，次のうち正しいものはどれか．

1 一般に比重は1より小さい．
2 一般に水に溶ける．
3 粉じんは粒子が大きいほど危険性も大きい．
4 燃焼速度は遅い．
5 還元性物質である．

問31 粉じん爆発の対策として，次のうち誤っているものはどれか．

1 火気を避ける．
2 防爆型の電気設備を用いる．
3 粉じんを扱う装置に，アルゴンガスを封入する．
4 粉じんを堆積させない．
5 粉じんが浮遊しないよう，換気は行わない．

問32 硫黄の説明として，次のうち誤っているものはどれか．

1 燃焼すると，有毒な亜硫酸ガスを生じる．
2 腐卵臭を有する．
3 ピクリン酸と混合したものは爆発の危険性がある．
4 二硫化炭素に溶ける．
5 多くの同素体がある．

問33 次の第３類危険物の中で，不燃性のものはどれか．

1　ジエチル亜鉛　　2　カリウム
3　炭化カルシウム　　4　カルシウム
5　水素化リチウム

問34 ナトリウムの保護液として，次のうち不適切なものはどれか．

1　アセトン　　2　トルエン　　3　ベンゼン
4　キシレン　　5　灯油

問35 黄りんの説明として，次のうち正しいものはどれか．

1　赤褐色の粉末状である．
2　無毒，無臭である．
3　自然発火性を有する．
4　弱酸性の水中で保管する．
5　赤りんの同位体である．

問36 第４類危険物の性質として，次のうち誤っているものはどれか．

1　第4類危険物の燃焼形態は，いずれも蒸発燃焼である．
2　第4類危険物の火災の消火方法として，いずれも窒息消火が効果的である．
3　水に溶けないものが多いが，水に溶けるものもある．
4　蒸気は空気より重いものが多いが，空気より軽いものもある．
5　水より軽いものが多いが，水より重いものもある．

問37 アセトアルデヒドの説明として，次のうち正しいものはどれか．

1　アルコールに溶けない．
2　霧状の水による消火は効果的である．
3　酢酸の酸化によって得られる．
4　熱や光によって分解し，二酸化炭素を生じる．
5　水より重い．

問38 **次の第４類危険物の中で，構造の中にベンゼン環を含まないのは次のうちどれか．**

1　トルエン　　2　アセトン　　3　アニリン
4　キシレン　　5　スチレン

問39 **第５類危険物の性質として，次のうち誤っているものはどれか．**

1　酸化作用を有するものがある．
2　毒性を有するものがある．
3　引火性を有するものがある．
4　空気中に長期間放置すると，自然発火するものがある．
5　比重が1より小さいものがある．

問40 **硝酸エステル類の性状として，次のうち誤っているものはどれか．**

1　硝酸メチルは甘味を有する無色透明の液体である．
2　ニトログリセリンは，凍結させることにより危険性が高くなる．
3　ニトログリセリンは，加熱や衝撃を避けて保管する．
4　ニトロセルロースは，含有窒素量によって強消火綿，ピロ綿薬，弱消火綿と呼ばれる．
5　ニトロセルロースは，含有窒素量が少ないほど危険性が高くなる．

問41 **トリニトロトルエンの性質として，次のうち正しいものはどれか．**

1　金属と反応する．
2　乾燥すると危険なので，乾燥しないようにする．
3　固体よりも溶融状態の方が危険である．
4　ピクリン酸と比べて，やや不安定である．
5　酸性を示す．

問42 **次の第５類危険物の中で，常温で液体として存在するものはどれか．**

1　過酸化ベンゾイル　　2　過酢酸
3　ピクリン酸　　4　硫酸ヒドラジン
5　ヒドロキシルアミン

問43 **第6類危険物の性状として，次のうち誤っているものはどれか．**

1 いずれも無機化合物である．

2 いずれも腐食性を有する．

3 いずれも蒸気は有毒である．

4 いずれも密栓して保管する．

5 いずれも直射日光や火気を避けて保管する．

問44 **過塩素酸の説明として，次のうち正しいものはどれか．**

1 密閉容器内でも分解して，赤色に変色する．

2 水と反応して発熱するので，注水消火は厳禁である．

3 有機物と接触して，自然発火することがある．

4 アルコールに溶けない．

5 無色無臭の液体である．

問45 **ハロゲン間化合物の説明として，次のうち誤っているものはどれか．**

1 いずれも水との接触により腐食性ガスを発生するので，ガラス製容器で保管する．

2 容器は密栓して保管する．

3 可燃物との接触により発熱し，発火することがある．

4 三ふっ化臭素の反応性は，五ふっ化臭素よりも低い．

5 粉末消火剤による消火は有効である．

模擬試験問題　No. 2　（試験時間　150分）

危険物に関する法令

問1　法に定める危険物の分類として，次のうち正しいものはどれか．

1　第1類危険物の「その他のもので政令で定めるもの」は，現在定められていない．

2　第2類危険物の「その他のもので政令で定めるもの」は，現在定められていない．

3　第3類危険物の「その他のもので政令で定めるもの」は，現在定められていない．

4　第5類危険物の「その他のもので政令で定めるもの」は，現在定められていない．

5　第6類危険物の「その他のもので政令で定めるもの」は，現在定められていない．

問2　法令上，危険物の指定数量の説明として，次のうち誤っているものはどれか．

1　赤りんの指定数量は黄りんの指定数量よりも大きい．

2　ナトリウムとアルキルリチウムの指定数量は同じである．

3　第6類危険物の指定数量は，品目に関わらず同じである．

4　特殊引火物の指定数量は，非水溶性か水溶性かで異なる．

5　硫黄の指定数量は鉄粉の指定数量よりも小さい．

問3 **危険物を取り扱う作業を規制する法令として，次のうち正しいものはどれか．**

1 ガソリン500 Lを製造所等で貯蔵するためには，市町村条例で定める基準に従わなければならない．

2 灯油500 Lを車両で運搬するためには，市町村条例で定める基準に従わなければならない．

3 硫黄50 kgを製造所等で取り扱う場合は，消防法で定める基準に従わなければならない．

4 鉄粉50 kgを鉄道で運搬する場合は，消防法で定める基準が適用されない．

5 ナトリウム50 kgを製造所等で貯蔵する場合は，消防法で定める基準が適用されない．

問4 **法令上，製造所等に関する諸手続きとして，次のうち誤っているものはどれか．**

1 新たに取扱所を設置するときは，市町村長等の許可を受けなければならない．

2 既存の貯蔵所の設備を変更するときは，市町村長等の許可を受けなければならない．

3 貯蔵所の設備を変更するとき，工事に係らない部分を使用したいときは，市町村長等の許可を受けなければならない．

4 政令が定める完成検査前の検査は，市町村長等が実施する．

5 完成検査に合格しても，完成検査済証が交付されるまで使用してはならない．

問5 **法令上，保安講習の受講について，次のうち誤っているものはどれか．**

1　5年前に危険物取扱者の免状を取得したが，これまで危険物の取扱作業に従事していない場合は，保安講習は受講しなくても良い．

2　危険物取扱者の資格は有していないが，5年前から危険物の取扱作業に従事しているため，今年，初めて保安講習を受講した．

3　5年前に危険物取扱者の免状を取得し，昨年の10月1日から危険物の取扱作業に従事することになったため，昨年の10月1日から起算して3年以内に保安講習を受講しなければならない．

4　昨年の6月に危険物取扱者の免状を取得し，今年の10月1日から危険物の取扱作業に従事することになったため，今年の4月1日から起算して3年以内に保安講習を受講しなければならない．

5　危険物の取扱作業に従事しているすべての危険物取扱者は，3年以内ごとに都道府県知事が行う保安講習を受講しなければならない．

問6 **法令上，危険物保安責任者の選任を必要としない製造所等は，次のうちどれか．**

1　重油60000 Lを取り扱う屋内貯蔵所

2　灯油60000 Lを取り扱う地下タンク貯蔵所

3　ガソリン60000 Lを取り扱う製造所

4　硫黄5000 kgを取り扱う屋外貯蔵所

5　鉄粉5000 kgを取り扱う一般取扱所

問7 **法令上，取り扱う危険物の数量に関係なく予防規程を定めなければならない製造所等は，次のうちどれか．**

1　製造所　　2　屋内貯蔵所

3　屋外貯蔵所　　4　移送取扱所

5　一般取扱所

問8 **法令上，保安検査及び定期点検について，次のうち誤っているものはどれか．**

1 屋外タンク貯蔵所の保安検査は，市町村長等が行う．
2 屋外タンク貯蔵所の保安検査は，原則として8年に1回実施すれば良い．
3 地下タンク貯蔵所の定期点検は，取り扱う危険物の数量に関係なく，1年に1回以上実施しなければならない．
4 危険物取扱者の資格がなくても，危険物取扱者の立会いがあれば定期点検を行うことができる．
5 定期点検記録を3年間保管していない製造所等は，市町村長等によって使用の停止を命ぜられることがあるが，許可が取り消されることはない．

問9 **法令上，保安距離を必要とする製造所等は，次のうちどれか．**

1 屋外タンク貯蔵所　　2 屋内タンク貯蔵所
3 地下タンク貯蔵所　　4 給油取扱所
5 移送取扱所

問10 **法令上，屋外タンク貯蔵所の基準として，次のうち正しいものはどれか．**

1 保安距離は，取り扱う危険物の指定数量の倍数によって定められている．
2 敷地内距離は，取り扱う危険物の指定数量の倍数によって定められている．
3 保有空地の幅は，設置するタンクの容量によって定められている．
4 防油堤の容量は，設置するタンクの容量によって定められている．
5 屋外タンク貯蔵所のほかにも，敷地内距離を定めている製造所等がある．

問11 法令上，地下タンク貯蔵所の基準として，次のうち正しいものはどれか．

1 保安距離は，製造所の基準と同じ．
2 保有空地の幅は，製造所の基準と同じ．
3 タンクの頂部が地盤面から0.6 m以下になるように埋没する．
4 漏洩検知管は，タンクの周辺に2箇所以上設置する．
5 通気管は，すべてのタンクの頂部に取り付けなければならない．

問12 法令上，移動タンク貯蔵所の基準として，次のうち誤っているものはどれか．

1 移動貯蔵タンクの容量は，30 kL以下でなければならない．
2 移動タンク貯蔵所で危険物を移送するときは，その危険物を取り扱うことができる危険物取扱者を同乗させ，危険物取扱者免状を携帯させなければならない．
3 すべての移動タンク貯蔵所は，予防規程を定める必要がない．
4 すべての移動タンク貯蔵所には，定期点検を行う必要がある．
5 移動タンク貯蔵所に設ける「危」の標識の大きさは，幅0.3 m×長さ0.3 mと定められている．

問13 法令上，移動タンク貯蔵所で危険物を移送する際，2人以上の運転要員を必要とするものは，次のうちどれか．

1 連続運転時間が4時間
2 1日あたりの運転時間が10時間
3 第2類危険物のみを移送
4 ガソリンのみを移送
5 灯油のみを移送

問14 **法令上，給油取扱所に設置できる建築物の用途として，次のうち誤っているものはどれか.**

1　給油取扱所に出入りする者を対象とした飲食店
2　給油取扱所に出入りする者を対象とした遊技場
3　給油取扱所の所有者等が居住する住居
4　自動車等の洗浄を行う作業場
5　自動車等の点検を行う作業場

問15 **法令上，危険物の取扱上の基準として，次のうち誤っているものはどれか.**

1　危険物を詰め替える場合は，防火上安全な場所で行う.
2　吹付塗装作業は，防火上安全な場所で行う.
3　焼き入れ作業は，危険物の温度に注意して行う.
4　海に投下して廃棄する場合は，十分に希釈してから行う.
5　埋没して廃棄する場合は，安全な場所で行う.

物理学及び化学

問16 **単体，化合物，混合物の説明として，次のうち正しいものはどれか.**

1　酸素，窒素，尿素は，いずれも単体である.
2　酢酸，硫酸，塩酸は，いずれも化合物である.
3　灯油，軽油，重油は，いずれも混合物である.
4　塩，砂糖，醤油は，いずれも混合物である.
5　赤りんと黄りんは単体であり，互いに同位体である.

問17 **状態変化の説明として，次のうち誤っているものはどれか.**

1　固体から液体への変化を融解といい，吸熱を伴う.
2　気体から液体への変化を凝縮又は液化といい，発熱を伴う.
3　液体から固体への変化を凝固といい，発熱を伴う.
4　液体から気体への変化を気化又は蒸発といい，吸熱を伴う.
5　固体から気体への変化を昇華といい，発熱を伴う.

問18 **23.0 %の水酸化ナトリウム水溶液のモル濃度として，最も近いものは次のうちどれか．ただし，この水溶液の密度を1.25 g/cm^{3}とし，原子量はH＝1.0，O＝16.0，Na＝23.0とする．**

1　約5.75 mol/L　　2　約7.19 mol/L
3　約9.20 mol/L　　4　約18.4 mol/L
5　約23.0 mol/L

問19 **20.0 Lの容器に27.0 ℃の酸素ガスを注入したところ，圧力は3.30×10^5 Paであった．この容器を57.0 ℃に加熱したときの圧力として，次のうち正しいものはどれか．**

1　1.56×10^5 Pa　　2　3.00×10^5 Pa
3　3.63×10^5 Pa　　4　6.97×10^5 Pa
5　7.26×10^6 Pa

問20 **蒸気比重が最も小さい気体は，次のうちどれか．ただし，原子量は，H＝1.0，C＝12.0，N＝14.0，O＝16.0とする．**

1　アンモニア　　2　エチレン
3　アセチレン　　4　プロパン
5　二酸化窒素

問21 **濃硝酸に溶けない金属は，次のうちどれか．**

1　鉄　　2　錫（すず）　　3　鉛
4　銅　　5　銀

問22 **還元に該当するものは，次のうちどれか．**

1　一酸化炭素 → 二酸化炭素
2　エタノール → アセトアルデヒド
3　硫化水素 → 硫黄
4　オゾン → 酸素
5　メタン → 二酸化炭素

問23 粉じん爆発する危険性のある粉末として，次のうち誤っているものはどれか．

1 小麦粉　　2 炭酸水素ナトリウム
3 活性炭　　4 デンプン
5 アルミニウム粉

問24 0.005 mol/Lの硫酸500 mLと0.01 mol/Lの塩酸500 mLを混合したときのpHとして，次のうち正しいものはどれか．ただし，硫酸も塩酸も100 %電離するものとする．

1 pH＝1　　2 pH＝2　　3 pH＝3
4 pH＝4　　5 pH＝5

問25 自然発火を起こす物質と主な発熱の原因の組み合わせとして，次のうち誤っているものはどれか．

1 セルロイド…分解熱　　2 ゴム粉…酸化熱
3 アマニ油　…酸化熱　　4 石炭　…吸着熱
5 スチレン　…重合熱

危険物の性質並びにその火災予防及び消火の方法

問26 危険物の判定試験として，次のうち誤っているものはどれか．

1 第1類危険物…加熱分解の激しさを判断するための試験
2 第2類危険物…火炎による着火の危険性を判断するための試験
3 第3類危険物…水と接触して発火し，もしくは可燃性ガスを発生する危険性を判断するための試験
4 第4類危険物…引火の危険性を判断するための試験
5 第5類危険物…爆発の危険性を判断するための試験

問27 **第1類危険物の性状の説明として，次のうち誤っているものはどれか．**

1 無職の結晶又は白色の粉末のものが多い．

2 すべて不燃性である．

3 無機過酸化物はペルオキシ基を有する．

4 可燃物や有機物等と混合したものは，加熱等により爆発する危険性がある．

5 潮解性を示すものは，木材等に染み込んだ後，乾燥することで爆発する危険性がある．

問28 **過塩素酸の性質の説明として，次のうち正しいものはどれか．**

1 過塩素酸カリウムは潮解性がない．

2 過塩素酸ナトリウムには潮解性がない．

3 過塩素酸カリウムよりも過塩素酸アンモニウムの方が分解温度は高い．

4 過塩素酸ナトリウムは水に溶けにくい．

5 過塩素酸アンモニウムはアルコールに溶けない．

問29 **アルカリ度類金属の過酸化物の説明として，次のうち誤っているものはどれか．**

1 過塩素酸カルシウムは無色であるが，過酸化バリウムは灰色である．

2 いずれも加熱によって酸素を放出する．

3 過酸化カルシウムは希酸に溶けて酸素を放出する．

4 過酸化マグネシウムは水に溶けて酸素を放出する．

5 過酸化バリウムは硫酸と反応して過酸化水素を発生する．

問30 **潮解性を示さない物質は，次のうちどれか．**

1 塩素酸アンモニウム　　2 過酸化カリウム

3 硝酸ナトリウム　　4 亜硝酸ナトリウム

5 過マンガン酸カリウム

問31 **第2類危険物に共通する性質として，次のうち誤っているものはどれか．**

1　可燃性の固体で，比較的低温で着火する．
2　水より軽く，水に溶けないものが多い．
3　燃焼速度が速い．
4　還元物質である．
5　打撃等を与えることで爆発する危険性がある．

問32 **硫化りんの説明として，次のうち正しいものはどれか．**

1　いずれも黄色又は淡黄色の結晶である．
2　いずれも水又は熱湯と反応して亜硫酸ガスを生じる．
3　いずれも燃焼によって硫化水素を生じる．
4　いずれも二硫化炭素によく溶ける．
5　いずれも二酸化炭素による消火は効果がない．

問33 **アルミニウム粉及び亜鉛粉の説明として，次のうち誤っているものはどれか．**

1　どちらも水に不溶である．
2　どちらも水と反応して水素を発生する．
3　どちらも塩酸に溶けて水素を発生する．
4　どちらも水酸化ナトリウム水溶液に溶けて酸素を発生する．
5　亜鉛よりもアルミニウムの方が反応性は大きい．

問34 **第3類危険物に共通する性質として，次のうち誤っているものはどれか．**

1　空気又は水との接触により，直ちに危険が生じる．
2　ほとんどのものは禁水性と自然発火性の両方の性質を有する．
3　ほとんどのものは可燃性であるが，不燃性のものもある．
4　容器は密閉して保管する．
5　二酸化炭素による消火は効果的である．

問35 **ナトリウムとカリウムの性質として，次のうち正しいものはどれか．**

1 カリウムの炎色反応は紫色，ナトリウムの炎色反応は赤色である．

2 どちらも水より重い．

3 どちらも水と反応して，水素ガスを発生する．

4 どちらもアルコールに不溶であるが，接触によって水素ガスを発生する．

5 どちらも潮解性を示さない．

問36 **水素化ナトリウムの性状として，次のうち誤っているものはどれか．**

1 灰色の結晶性粉末である．

2 比重は1より大きい．

3 アルコールに溶けない．

4 水と接触して水素ガスを発生する．

5 酸化力が強い．

問37 **第４類危険物の消火剤として，次のうち不適切なものはどれか．**

1 ハロゲン化物　　2 二酸化炭素　　3 泡

4 霧状の水　　5 乾燥砂

問38 **ジエチルエーテルの性状として，次のうち正しいものはどれか．**

1 刺激臭のある淡黄色の液体である．

2 水に不溶である．

3 発生する蒸気には麻酔性がある．

4 空気中で直射日光にさらすと分解する．

5 発火点は第4類危険物の中で最も低い．

問39 **次の第４類危険物の中で，水に可溶性のものはどれか．**

1 ベンゼン　　2 トルエン　　3 キシレン

4 クロロベンゼン　　5 ピリジン

問40 **第5類危険物の性状として，次のうち誤っているものはどれか.**

1 常温で固体のものよりも液体のものの方が多い.

2 比重は1よりも大きい.

3 燃えやすく，燃焼速度が速い.

4 加熱や衝撃等により，爆発するものが多い.

5 窒息による消火は効果がない.

問41 **有機過酸化物の火災予防について，次のうち誤っているものはどれか.**

1 いずれも火気や加熱を避ける.

2 過酸化ベンゾイルは乾燥した状態で取り扱わない.

3 メチルエチルケトンパーオキサイドは密栓して保管する.

4 過酢酸は皮膚に付着しないように注意する.

5 いずれも大量の水で冷却消火する.

問42 **ニトログリセリンの性状として，次のうち正しいものはどれか.**

1 黄色の油状液体である.

2 有毒である.

3 苦みを有する.

4 水や有機溶剤に溶けない.

5 凍結させて保管する.

問43 **第6類危険物の性状として，次のうち誤っているものはどれか.**

1 不燃性の液体である.

2 加熱等によって分解し，酸素を放出する.

3 無機化合物である.

4 蒸気は有毒である.

5 腐食性がある.

問44 硝酸の性質として，次のうち正しいものはどれか．

1 湿気を含む空気中では，白色の発煙を生じる．

2 日光によって分解し，亜硝酸ガスを生じる．

3 二硫化炭素との接触により，爆発する危険性がある．

4 白金を腐食する．

5 酸化力は発煙硝酸より強い．

問45 過酸化水素の性状として，次のうち誤っているものはどれか．

1 無色で粘性のある液体である．

2 水に可溶で，弱酸性を示す．

3 一般に酸化剤として作用するが，還元剤として作用することもある．

4 単独では不安定であるが，水溶液としては安定である．

5 皮膚に触れると火傷する．

模擬試験問題　No. 3 （試験時間　150分）

危険物に関する法令

問1　法に定める危険物の分類として，次のうち正しいものはどれか．

1　第1類危険物には，よう素酸塩類やヒドロキシルアミン塩類等がある．
2　第2類危険物には，カルシウムや硫黄等がある．
3　第3類危険物には，カリウムやマグネシウム等がある．
4　第4類危険物には，アルコール類や有機過酸化物等がある．
5　第5類危険物には，アゾ化合物やヒドラジン誘導体等がある．

問2　法令上，次の危険物を同一の場所で貯蔵又は取り扱う場合，指定数量の倍数が最も大きいものはどれか．

1　鉄粉　3000 kg　　2　黄りん　300 kg
3　カリウム　300 kg　　4　酢酸　3000 L
5　二硫化炭素　300 L

問3　法令上，製造所等の位置，構造又は設備を変更するとき，工事に係らない部分の使用に関する次の文の(A)～(C)について，正しい組み合わせはどれか．

「工事に係らない部分の全部又は一部について，(A)の(B)を受けたときは，完成検査を受ける前でも(C)使用することができる．」

	(A)	(B)	(C)
1	市町村長等	許可	10日以内に限り仮に
2	市町村長等	承認	10日以内に限り仮に
3	市町村長等	承認	仮に
4	所轄消防長又は消防署長	許可	仮に
5	所轄消防長又は消防署長	承認認	10日以内に限り仮に

問4 **危険物を取り扱う作業を規制する法令として，次のうち誤っているものはどれか．**

1　指定数量の倍数が1以上の危険物を貯蔵する場合は，消防法等の基準が適用される．

2　指定数量の倍数が1未満の危険物を取り扱う場合は，市町村条例が適用される．

3　指定数量の倍数が1以上の危険物を移動タンク貯蔵所で移送する場合は，消防法等の基準が適用される．

4　指定数量の倍数が1未満の危険物を移動タンク貯蔵所で移送する場合は，消防法等の基準が適用される．

5　指定数量に関わらず，航空機で危険物を運搬する場合は，消防法以外の法令が適用される．

問5 **3年以上前に危険物取扱者の資格を取得したが，これまで危険物の取扱作業には従事してこなかった．しかし，危険物の取扱作業に従事することになったので，昨年の10月に保安講習を受講し，今年の6月1日から危険物の取扱作業を行っている．**

以上のような場合，法令上，次に保安講習を受講する日として，次のうち正しいものはいくつあるか．

A．来年の5月に開催される講習会

B．2年後の5月に開催される講習会

C．2年後の11月に開催される講習会

D．3年後の5月に開催される講習会

1　なし　　2　1つ　　3　2つ　　4　3つ　　5　4つ

問6 **法令上，重油100000 Lを取り扱うとき，危険物保安監督者を定めなくても良い製造所等は，次のうちどれか．**

1　屋内タンク貯蔵所　　2　地下タンク貯蔵所

3　屋外タンク貯蔵所　　4　屋内貯蔵所

5　屋外貯蔵所

問7 法令上，予防規程について，次のうち誤っているものはどれか．

1　予防規程は，火災を予防するために，製造所等の所有者，管理者又は占有者が定める．
2　予防規程を制定又は変更するときは，市町村長等の許可を受けなければならない．
3　市町村長等は，必要に応じて予防規程の変更を命ずることができる．
4　簡易タンク貯蔵所には，予防規程を定める必要がない．
5　指定数量の倍数に関わらず，移送取扱所には予防規程を定める必要がある．

問8 法令上，使用停止に該当しない事項は，次のうちどれか．

1　危険物の貯蔵又は取扱いの基準遵守命令に違反したとき．
2　危険物保安統括管理者を定めていないとき．
3　危険物保安監督者を定めていないとき．
4　危険物保安統括管理者又は危険物保安監督者の解任命令に違反したとき．
5　応急措置を命じたが，期限までに完了する見込みがないとき．

問9 法令上，定期点検を実施できない者は，次のうちどれか．

1　丙種危険物取扱者
2　乙種危険物取扱者
3　甲種危険物取扱者
4　無資格者（丙種危険物取扱者の立会いのもと）
5　危険物施設保安員

問10 法令上，保有空地の確保が義務付けられていない製造所等は，次のうちどれか．

1　屋内貯蔵所　　2　屋外貯蔵所
3　屋内タンク貯蔵所　　4　屋外タンク貯蔵所
5　一般取扱所

(問11) 法令上，タンク容量が規制されていない貯蔵タンクの組み合わせとして，次のうち正しいものはどれか．

1 屋外貯蔵タンク，屋内貯蔵タンク

2 地下貯蔵タンク，簡易貯蔵タンク

3 移動貯蔵タンク，屋内貯蔵タンク

4 屋外貯蔵タンク，地下貯蔵タンク

5 移動貯蔵タンク，簡易貯蔵タンク

(問12) 法令上，屋内貯蔵所又は屋外貯蔵所において，危険物を類ごとにまとめ，相互に1m以上の間隔を置いたとき，同一の貯蔵所で貯蔵できる組み合わせとして，次のうち誤っているものはどれか．

1 第1類危険物（アルカリ金属の過酸化物又はその含有物を除く）と第5類危険物

2 第1類危険物と第6類危険物

3 第2類危険物と黄りん

4 第2類危険物のうち引火性固体と第4類危険物

5 第3類危険物のうち黄りんと禁水性物品

(問13) 法令上，第4類危険物，第5類危険物及び第6類危険物の消火に適応する消火器として，次のうち共通で使用できるものはどれか．

1 二酸化炭素　　2 泡

3 ハロゲン化物　　4 粉末（りん酸塩類）

5 水（棒状）

問14　法令上，給油取扱所の取扱いの技術上の基準として，次のうち誤っているものはどれか．

1　自動車等に給油するときは，固定給油設備を使用して直接給油する．
2　自動車等に給油するときは，自動車等の原動機を停止させる．
3　自動車等の一部又は全部が給油空地からはみ出たままで給油しない．
4　移動貯蔵タンクから専用タンクに危険物を注入するときは，移動タンク貯蔵所を専用タンクの注入口から離れたところに停車させる．
5　物品の販売，飲食店，展示場等の業務は，原則として建築物の1階のみで行う．

問15　法令上，指定数量の1/10を超える危険物を運搬するとき，硫黄と混載できるものは次のうちどれか．

1　次亜塩素酸カルシウム　　2　アジ化ナトリウム
3　トリクロロシラン　　4　臭素酸カリウム
5　五ふっ化よう素

物理学及び化学

問16　分子式$C_4H_{10}O$の構造異性体のうち，アルコールは何種類存在するか．

1　3種類　　2　4種類　　3　5種類
4　6種類　　5　7種類

問17　熱の移動に関する説明で，次のうち正しいものはどれか．

1　窓から入る日差しが暖かいのは，対流によるものである．
2　エアコンによって室温を上げたり下げたりするのは，伝導によるものである．
3　電子レンジでものが温まるのは，放射（ふく射）によるものである．
4　ホットカーペットの上が暖かいのは，放射（ふく射）によるものである．
5　夜になると涼しく（寒く）なるのは，対流によるものである．

問18 ジュール熱に関する説明で，次のうち誤っているものはどれか．

1 ジュール熱は，電流が大きいほど大きくなる．

2 ジュール熱は，電圧が高いほど大きくなる．

3 ジュール熱は，電気を流す時間が長いほど大きくなる．

4 ジュール熱は，配線の長さや太さによっても変化する．

5 ジュール熱は，点火源にならない．

問19 ある気体40 gの体積が27 ℃，6.0×10^5 Paで83 Lとすると，この気体の分子量は次のうちどれか．ただし，気体定数は8.3×10^3 Pa・L/(K・mol)とする．

1 2　　2 4　　3 20

4 28　　5 32

問20 二酸化炭素の臨界温度が31.0 ℃，臨界圧力が7.39 MPaとすると，次のうち正しいものはどれか．

1 7.39 MPaの圧力の下では，31.0 ℃以上に加熱すると分解する．

2 7.39 MPaの圧力の下では，沸点が31.0 ℃になる．

3 7.39 MPaの圧力の下では，凝固点が31.0 ℃になる．

4 35.0 ℃の二酸化炭素に7.39 MPa以上の圧力をかけると液化する．

5 25.0 ℃の二酸化炭素に7.39 MPa以上の圧力をかけると液化する．

問21 化学変化に該当するのは，次のうちどれか．

1 砂糖を水に溶かして砂糖水とした．

2 粒状の水酸化ナトリウムが，空気中でドロドロの液状になった．

3 炭酸ナトリウム十水和物の結晶が，空気中で白色粉末になった．

4 ドライアイスが二酸化炭素になった．

5 塩水を濃縮して塩を得た．

問22 **アセチレン（C_2H_2）39.0 gを完全燃焼させたとき，反応に必要な酸素の体積として，次のうち正しいものはどれか．ただし，原子量はH＝1.0，C＝12.0，O＝16.0とし，酸素の体積は標準状態で算出するものとする．**

1　1.50 L　　2　3.75 L　　3　39.0 L
4　84.0 L　　5　112 L

問23 **有機化合物の性状の説明として，次のうち誤っているものはどれか．**

1　主に共有結合で結合している．
2　沸点は分子量の増加とともに高くなるが，融点は分子量の増加とともに低くなる．
3　非電解質のものが多い．
4　静電気を発生しやすいものが多い．
5　水に溶けるものが少ない．

問24 **引火点の説明として，次のうち正しいものはどれか．**

1　液体表面に燃焼範囲の下限値の可燃性蒸気が発生する最低の液温のこと．
2　火気を近づけなくても自ら発火，燃焼する最低の液温のこと．
3　蒸気圧と外圧が等しくなったときの温度のこと．
4　点火源を近づけたとき，引火するために必要な周囲の温度のこと．
5　可燃性液体から可燃性蒸気が発生するときの最低の液温のこと．

問25 **普通火災，油火災，電気火災に共通で使用できる消火剤は，次のうちどれか．**

1　泡
2　二酸化炭素
3　霧状の強化液
4　炭酸水素ナトリウムの粉末消火剤
5　ハロゲン化物

危険物の性質並びにその火災予防及び消火の方法

問26 危険物の類ごとの性質として，次のうち正しいものはどれか.

1 第2類危険物は引火性液体であり，すべて可燃性である.

2 第3類危険物は自然発火性又は禁水性物質であり，すべて可燃性である.

3 第4類危険物は可燃性固体であり，すべて可燃性である.

4 第5類危険物は自己反応性物質であり，すべて可燃性である.

5 第6類危険物は酸化性固体であり，すべて不燃性である.

問27 アルカリ金属の過酸化物の火災予防及び消火方法として，次のうち誤っているものはどれか.

1 水や空気と接触しないように貯蔵する.

2 加熱や衝撃等を避けて貯蔵する.

3 火災初期であれば，乾燥砂等で窒息消火する.

4 危険物に直接注水してはならない.

5 水と反応するため，周囲の可燃物に注水することも危険である.

問28 無機過酸化物に共通の事項として，次のうち誤っているものはどれか.

1 いずれも潮解性を示さない.

2 いずれも加熱によって酸素を放出する.

3 いずれも比重は1より大きい.

4 いずれも密栓して保管する.

5 いずれも乾燥砂等で窒息消火する.

問29 **亜塩素酸ナトリウムの説明として，次のうち正しいものはどれか．**

1 無色，無臭の結晶性粉末である．

2 加熱により，塩素酸ナトリウムを生成する．

3 直射日光を当てると，二酸化炭素を生成する．

4 鉄や銅製の容器で保管する．

5 水と反応するため，注水消火は厳禁である．

問30 **次亜塩素酸カルシウムの説明として，次のうち誤っているものはどれか．**

1 塩素臭を有する白色粉末である．

2 水に溶けて，塩化水素を生成する．

3 吸湿して，次亜塩素酸を生成する．

4 酸と接触して，酸素を生成する．

5 注水して冷却消火する．

問31 **第2類危険物の説明として，次のうち誤っているものはどれか．**

1 比較的低温で着火しやすい可燃性の固体である．

2 燃焼速度が速い．

3 還元剤の接触により爆発する危険性がある．

4 打撃等により爆発する危険性がある．

5 比重は1より大きい．

問32 **硫黄の性状として，次のうち正しいものはどれか．**

1 蒸発燃焼する．

2 燃焼時に硫化水素ガスを生じる．

3 水に溶ける．

4 刺激臭のある黄色の固体又は粉末である．

5 注水以外の消火方法は効果がない．

(問33) 金属粉と接触又は金属粉に照射しても危険性が生じないものは，次のうちどれか．

1 水　　2 直射日光　　3 酸
4 塩基　　5 ハロゲン元素

(問34) 第3類危険物の性状として，次のうち正しいものはどれか．

1 カリウムは自然発火性及び禁水性の性質を有する．
2 リチウムは自然発火性及び禁水性の性質を有する．
3 黄りんは禁水性の性質のみを有する．
4 バリウムは不燃性である．
5 りん化カルシウムは可燃性である．

(問35) 黄りんの性状として，次のうち誤っているものはどれか．

1 皮膚に触れると，火傷することがある．
2 燃焼すると，腐食性物質を生成する．
3 毒性は低い．
4 ベンゼンに溶ける．
5 融点及び発火点は100 ℃より低い．

(問36) ジエチル亜鉛の性状として，次のうち誤っているものはどれか．

1 空気と接触して自然発火する．
2 水と反応して亜鉛を生成する．
3 ハロゲン化物と反応して有毒ガスを生成する．
4 酸と接触して可燃性ガスを生成する．
5 アルコールと接触して可燃性ガスを生成する．

問37 **第４類危険物の性状として，次のうち正しいものはいくつあるか.**

A. 蒸気は空気より重いものが多いが，軽いものもある.

B. 水に不溶性のものが多いが，水に溶けるものもある.

C. 蒸発燃焼するものが多いが，表面燃焼するものもある.

D. 引火点以下では，いかなる場合も燃えない.

1 なし　2 1つ　3 2つ　4 3つ　5 4つ

問38 **二硫化炭素を水没貯蔵する理由として，次のうち最も適切なものはどれか.**

1 不純物の混入を避けるため.
2 二硫化炭素を冷却するため.
3 空気との接触を避けるため.
4 膨張によって容器を破損させないため.
5 可燃性蒸気を発生させないため.

問39 **エタノールの性状として，次のうち正しいものはどれか.**

1 メタノールよりも沸点は低い.
2 毒性がある.
3 麻酔性がある.
4 燃焼範囲は，第４類危険物の中で最も広い.
5 アセトアルデヒドの酸化によって得られる.

問40 **第５類危険物の性状として，次のうち誤っているものはどれか.**

1 いずれも可燃性の固体又は液体である.
2 いずれも比重は1よりも大きい.
3 いずれも分子中に酸素を有しており，自己燃焼する.
4 加熱等により発火し，爆発するものが多い.
5 空気中に長期間放置することで，自然発火するものがある.

問41 **過酸化ベンゾイルの性状として，次のうち正しいものはどれか．**

1　刺激臭のある白色の粒状結晶である．

2　乾燥した状態で取り扱う．

3　注水による消火は厳禁である．

4　強い酸化作用がある．

5　着火すると白煙を上げて燃焼する．

問42 **ピクリン酸の性状として，次のうち誤っているものはどれか．**

1　苦味を有する黄色の結晶である．

2　毒性がある．

3　酸性を示す．

4　冷水に不溶だが，熱湯には可溶である．

5　アルコールと混合したものは打撃等によって激しく爆発する危険性があるが，単独では打撃等による爆発の危険性はない．

問43 **第６類危険物の消火方法として，次のうち誤っているものはどれか．**

1　それ自体は不燃性のため，燃焼物に対応した消火方法をとる．

2　大量の水を使用するときは，危険物が飛散しないようにする．

3　万が一流出したときは，中和することも有効である．

4　消火の際はマスクを着用し，風下から作業する．

5　消火の際は皮膚を保護する．

問44 **過塩素酸の性状として，次のうち正しいものはどれか．**

1　無臭で無色の液体である．

2　分解すると，黄色に変色する．

3　吸熱しながら水に溶ける．

4　アルコールには溶けない．

5　有機物と混合しても危険ではないが，加熱すると爆発する危険性がある．

問45 発煙硝酸の性状として，次のうち誤っているものはどれか.

1 発煙硝酸は，濃硝酸と二酸化窒素から製造する.

2 赤色又は赤褐色の液体である.

3 空気中では，赤褐色の蒸気を発生する.

4 酸化力は硝酸よりも強い.

5 二酸化硫黄との接触により，発火又は爆発の危険性がある.

本試験形式
模擬試験問題 解答と解説

模擬試験問題　No.1

模擬試験問題　No.2

模擬試験問題　No.3

模擬試験問題　No. 1

問1　**3**

マグネシウムは注水消火が厳禁のため，禁水性物質と間違えやすいが，消防法では可燃性固体として第２類危険物に分類されている．

一方，黄りんは禁水性物質ではないが，自然発火性物質なので，第３類危険物に該当する．

問2　**4**

硫黄（第２類危険物）の指定数量が 100 kg, 取扱量が 500 kg なので，指定数量の倍数は５倍．

エタノール（第４類危険物，アルコール類）の指定数量が 400 L，取扱量が 1000 L なので，指定数量の倍数は 2.5 倍．

硝酸（第６類危険物）の指定数量が 300 kg, 取扱量が 750 kg なので，指定数量の倍数は 2.5 倍．

よって，5＋2.5＋2.5＝10 倍となる．

問3　**5**

仮貯蔵は，所轄消防長又は消防署長の承認を受けた場合，10 日以内の間に限り可能になる．なお，「10 日以内」は 10 日目も入るが，「10 日未満」は 10 日目が入らない．

また，「仮使用」は市町村長等の承認を受ける必要があるので，間違えないように注意したい．

問4　**2**

製造所等の位置，構造又は設備を変更しようとする者は，市町村長等の許可を受けなければならない．（製造所等の設置に関する手続きと同じ．）

したがって，「届出」は誤り．また，「10 日前まで」という制限もない．

問5　1

危険物の取扱作業が技術上の基準及び予防規程等の保安に関する規定に適合するよう，作業者に対して指示を与えることができるのは，「危険物保安監督者」のみ．

なお，定期点検は1年間に1回以上実施すれば良いので，多くても問題はない．また，点検記録は3年間の保存が義務付けられているので，5年前の記録は廃棄しても問題ない．

問6　2

製造所は，指定数量の倍数が10以上．

屋内タンク貯蔵所は，予防規程が不要．

屋外貯蔵所は，指定数量の倍数が100以上．

一般取扱所は，指定数量の倍数が10以上．

問7　4

定期点検が必要な屋内貯蔵所は，「指定数量の倍数が150以上」である．

問8　4

「製造所等」等の名称は，白地の板に黒色の文字．

「禁水」の文字は，青地の板に白色の文字．

引火性固体を取り扱う製造所では，赤色の板に白色で「火気厳禁」の文字．

掲示板の大きさは，いずれも幅0.3 m以上，長さ0.6 m以上．（縦長）

問9　2

2つ以上のタンクを設置する場合，防油堤の容量は最大容量のタンクの容量の110 %以上であり，タンクの合計容量の110 %以上ではない．

問10　**3**

保安対象物と保安距離の関係は次の通り．

住居・・・・・・10 m 以上

学校，病院・・・30 m 以上

重要文化財・・・50 m 以上

高圧ガス施設・・20 m 以上

問11　**1**

屋外貯蔵所では，引火点が 0 ℃未満の第 1 石油類を貯蔵及び取り扱うことができない．

ベンゼン及びトルエンはいずれも第 1 石油類であるが，引火点はそれぞれ − 11 ℃と 4 ℃であるので，ベンゼンは不可となる．

問12　**4**

アルキルアルミニウム等を貯蔵又は取り扱う移動タンク貯蔵所は，自動車用消火器のほかに，乾燥砂及び膨張ひる石又は膨張真珠岩を設ける必要がある．

問13　**3**

「緊急時における連絡先」又は「応急処置に関する必要事項が掲載された書類」の備え付けが必要なのは，アルキルアルミニウム等を貯蔵又は取り扱う移動タンク貯蔵所のみである．

問14　**1**

三硫化りんは，火気注意．

マグネシウムは，禁水と火気注意．

二硫化炭素は，火気厳禁．

過酸化ベンゾイルは，衝撃注意と火気厳禁．

問15　**5**

第 3 類危険物と混載できるのは，第 4 類危険物のみ．

問16　2

塩酸は塩化水素と水から構成される混合物.

問17　3

分子式 C_5H_{12} の構造異性体は，次の3種類が存在する.

$CH_3-CH_2-CH_2-CH_2-CH_3$

$CH_3-CH(CH_3)-CH_2-CH_3$

$C(CH_3)_4$（$H_3C-C-CH_3$，C の上下に CH_3）

問18　5

問題文から，二酸化炭素，水，プロパンが生成するときの熱化学方程式は次の通り.

$C + O_2 = CO_2 + 394$ kJ/mol　①

$H_2 + 1/2\ O_2 = H_2O + 286$ kJ/mol　②

$3\ C + 4\ H_2 = C_3H_8 + 106$ kJ/mol　③

プロパンが燃焼するときの化学反応式は $C_3H_8 + 5\ O_2 \rightarrow 3\ CO_2 + 4\ H_2O$ なので，プロパンが燃焼するときの熱化学方程式は，(①×3−③)＋(②×4) より次のようになる.

$C_3H_8 + 5\ O_2 = 3\ CO_2 + 4\ H_2O + 2220$ kJ/mol

※生成熱の単位が [kJ/mol] となっていることから，1 mol あたりの熱量であることに着目する. 例えば，$2\ H_2 + O_2 \rightarrow 2\ H_2O$ では水が 2 mol 生成するため，熱化学方程式は $2\ H_2 + O_2 = 2\ H_2O +$ 572 kJ/mol となる.

問19　3

H_2S は水素を失うので酸化.

Cu は電子を失うので酸化.

CuO は酸素を失うので還元.

Mg は酸素を得るので酸化.

NH_3 は水素を失い，酸素を得るので酸化.

問20　2

正反応を起こすためには容積を増やせばいいので，ルシャトリエの原理より，二酸化窒素を生成するためには減圧する．また，二酸化窒素の生成は吸熱反応なので，加熱すると吸熱反応の方向に反応が進む．

問21　4

硫酸と水酸化ナトリウムの中和反応は以下の通り．

$$H_2SO_4 + 2\ NaOH \rightarrow Na_2SO_4 + 2\ H_2O$$

化学反応式から，硫酸を中和するために必要な水酸化ナトリウムの物質量は，硫酸の2倍であることがわかる．

0.25 mol/L の硫酸 20 mL 中の硫酸の物質量は，$0.25 \times 0.020 = 0.0050$ mol である．

これを中和するために必要な水酸化ナトリウムの物質量は，$0.0050 \times 2 = 0.010$ mol である．

すなわち，水酸化ナトリウム水溶液の濃度は，$0.010 \div 0.050 = 0.20$ mol/L となる．

問22　2

静電気除去シートには素手で触れる．

ゴム手袋は絶縁性なので，ゴム手袋を装着したまま静電気除去シートに触れても効果がない．

問23　3

温度が一定なので，ボイルの法則を用いる．

メタンの分圧　：$2.0 \times 10^5 \times 2.5 = P_{CH4} \times 5.0$

$P_{CH4} = 1.0 \times 10^5$ Pa

一酸化炭素の分圧：$4.0 \times 10^5 \times 1.5 = P_{CO} \times 5.0$

$P_{CO} = 1.2 \times 10^5$ Pa

混合気体の全圧　：$P_{CH4} + P_{CO} = 2.2 \times 10^5$ Pa

問24　1

銀は空気中で酸化されることはない.

銀製のアクセサリー等が黒ずむのは，銀が硫化されて硫化銀となるためである.

問25　3

アンモニアは塩基，硫酸は酸なので，混合することによって中和熱が発生するが，発火や爆発の危険性はない.

問26　3

第5類危険物は常温で液体と固体のものがあるが，常温で液体のものの方が少ない.

問27　1

過マンガン酸塩類や重クロム酸塩類等，有色のものもある.

例えば過塩素酸カリウムは，可燃物との接触によって爆発の危険性がある.

例えば過酸化カリウムは酸素を有するが，乾燥砂等で窒息消火する.

潮解性を示すものは，湿気等，水分を避けて保管する.

アルカリ金属の過酸化物は，注水による消火は厳禁.

問28　2

生成するのは，窒素，塩素，酸素，水の4種類.

$$2\,NH_4ClO_4 \rightarrow N_2 + Cl_2 + 2\,O_2 + 4\,H_2O$$

問29　4

塩素酸ナトリウムと塩素酸アンモニウムは潮解性を示す.

塩素酸ナトリウムは水に可溶であるが，塩素酸カリウムは水に溶けにくい.

塩素酸ナトリウムはアルコールに可溶であるが，塩素酸アンモニウムは水に溶けにくい.

塩素酸アンモニウムは，常温でも爆発することがある.

問30　5

一般に比重は1より大きく，水に溶けない.

粉じんは粒子が小さいほど酸化されやすく，粉じん爆発を起こしやすい.

比較的低温で着火しやすい物質で，燃焼速度は速い.

問31　5

換気は十分に行い，その濃度を燃焼（爆発）範囲未満にする.

問32　2

硫黄は無味，無臭である.

問33　3

炭化カルシウム自身は不燃性であるが，分解生成物のアセチレンは可燃性である.

問34　1

ナトリウムは禁水性物質のため，疎水性の保護液に浸漬して保管する必要がある.

5つの物質の中でアセトンのみが水に可溶性であることから，アセトンを保護液に用いると，水が混入する可能性がある.

問35 3

“赤褐色の粉末状”と“無毒，無臭”は「赤りん」の特徴である．

保護液は弱アルカリ性にする．

黄りんと赤りんは同素体である．

問36 4

第4類危険物の蒸気は，すべて空気よりも重い．(蒸気比重は1より大きい．)

問37 2

アセトアルデヒドは水溶性のため，霧状による消火は効果的である．(棒状の水は不可．)

比重は1よりも小さく，アルコールには可溶．

アセトアルデヒドを酸化すると，酢酸になる．

熱や光によって分解し，メタンと一酸化炭素を生じる．

問38 2

第4類危険物の中でベンゼン環を有するものは，ほかにもニトロベンゼンやクロロベンゼン等がある．

また，第5類危険物としては，過酸化ベンゾイル，ピクリン酸，トリニトロトルエン等がある．

問39 5

第5類危険物の比重は，すべて1より大きい．

問40 5

ニトロセルロースは，含有窒素量が多いほど危険性が高くなる．

問41 3

トリニトロトルエンは，ピクリン酸と比べて，やや安定である．

そのほかは，ピクリン酸の性質である．

問42　2

酢酸（第4類危険物）も過酢酸も常温では液体で存在する．

問43　4

過酸化水素は分解によって酸素を発生するため，通気用の穴を設けて保管する．

問44　3

分解が進行すると，黄色に変色する．

水との混合により発熱するが，消火は大量の水で冷却することが効果的である．

アルコールに溶ける．（ただし，発火や爆発の危険性がある．）

無色の液体であるが，刺激臭を有する．

問45　1

水との接触により発生する腐食性ガスはふっ化水素であり，金属やガラスを腐食するため，ガラス製の容器での保管は不適である．

模擬試験問題　No. 2

問1　2

消防法の別表第1で，「その他のもので政令で定めるもの」が現在定められていないのは，第2類危険物のみである．

問2　4

特殊引火物（第4類危険物）の指定数量は，非水溶性又は水溶性に関わらず一定（50 L）である．

問3　4

危険物を航空機，船舶，鉄道，軌道で運搬する場合の基準は，指定数量に関わらず，消防法以外の法令で定めている．

一方，危険物を上記以外で運搬する場合の基準は，指定数量に関わらず，消防法等で定めている．また，指定数量未満の危険物を貯蔵又は取り扱う場合に限り，市町村条例が適用される．

ガソリン 500 L（指定数量以上）の貯蔵　：消防法等
灯油 500 L の運搬　：消防法等
硫黄 50 kg（指定数量未満）の取扱い　：市町村条例
ナトリウム 50 kg（指定数量以上）の貯蔵：消防法等

問4　3

仮に使用するときは，市町村長等の「承認」を受ける．

問5　3

最初に危険物の取扱作業に従事することになった日から，1年以内に保安講習を受講しなければならない．

なお，無資格者の受講義務はないが，受講することは問題ない．

問6　**1**

屋内貯蔵所で 60000 L（指定数量の 30 倍）以下の重油（引火点 40 ℃以上）を取り扱う場合は，危険物保安監督者の選任が不要である．

地下タンク貯蔵所で 30000 L（指定数量の 30 倍）を超える灯油（引火点 40 ℃以上）を取り扱う場合は，危険物保安監督者の選任が必要である．

製造所でガソリンを取り扱う場合は，その数量に関係なく危険物保安監督者の選任が必要である．

屋外貯蔵所で 3000 kg(指定数量の 30 倍)を超える硫黄(第 2 類危険物)を取り扱う場合は，危険物保安監督者の選任が必要である．

一般取扱所で鉄粉（第 2 類危険物）を取り扱う場合は，その数量に関係なく危険物保安監督者の選任が必要である．

問7　**4**

移送取扱所と給油取扱所は，取り扱う危険物の量に関係なく予防規程を定めなければならない．

問8　**5**

定期点検を実施していない，点検記録を作成又は保存していないとき，市町村長等は許可の取り消し，又は使用の停止を命ずることができる．

問9　**1**

保安距離を必要とする製造所等は，製造所，屋内貯蔵所，屋外貯蔵所，屋外タンク貯蔵所，一般取扱所の 5 つである．

問10　**4**

保安距離は取り扱う危険物の指定数量等によって変わらない．

敷地内距離は危険物の引火点及びタンクの大きさによって定められており，屋外タンク貯蔵所以外の製造所等には定められていない．

保有空地の幅は取り扱う危険物の指定数量の倍数によって定められている．

問11　3

地下タンク貯蔵所には，保安距離及び保安空地の規制がない（製造所は規制されている）.

漏洩検知管は，タンクの周辺に4箇所以上設置する.

圧力タンクには，通気管ではなく安全装置を設ける.

問12　5

移動タンク貯蔵所で危険物を“移送”するときの「危」の標識の大きさは幅0.3～0.4 m×長さ0.3～0.4 mと定められている.

一方，車両で指定数量以上の危険物を“運搬”するときの「危」の標識の大きさは幅0.3 m×長さ0.3 mと定められている.

問13　2

1日あたりの運転時間が9時間を超える場合は，運転要員を2名以上確保する必要がある.

問14　2

給油取扱所には，ゲームセンター等の遊技場を設置することができない.

問15　4

危険物は，海中に投下して廃棄してはならない.

問16　3

尿素と塩は化合物，塩酸は混合物である.

赤りんと黄りんは互いに同素体である.

問17　5

固体から気体への変化を昇華といい，吸熱を伴う.

問18　**2**

23.0 % の NaOH 水溶液が 100 g あるとする．

NaOH の分子量は 40.0 であり，水溶液 100 g の中に NaOH は 23.0 g 溶けているので，NaOH の物質量は 23.0 ÷ 40.0 = 0.575 mol となる．

一方，水溶液の体積は，100 ÷ 1.25 = 80 cm^3 = 80 mL = 0.080 L となる．

よって，23.0 % の NaOH 水溶液のモル濃度は，0.575 ÷ 0.080 = 7.1875 ≒ 7.19 mol/L となる．

問19　**3**

ボイルシャルルの法則より

$$\frac{P_1 \times V_1}{T_1} = \frac{P_2 \times V_2}{T_2}$$

体積の変化はないので，

$$\frac{P_1}{T_1} = \frac{P_2}{T_2}$$

これに代入すると

$$\frac{3.30 \times 10^5}{300} = \frac{P}{330}$$

$$P = 3.63 \times 10^5 \text{ Pa}$$

問20　**1**

すべての気体は，同温同圧下で同体積内に同数個の分子を含むことから，蒸気比重は気体の分子量と空気の平均分子量の比によって求めることができる．すなわち，気体の分子量が大きいほど，蒸気比重も大きくなる．

なお，アンモニア（NH_3），エチレン（$CH_2 = CH_2$），アセチレン（$CH \equiv CH$），プロパン（$CH_3CH_2CH_3$），二酸化窒素（NO_2）の分子量は，それぞれ 17.0，28.0，26.0，44.0，46.0 となる．

問21　1

鉄は希硝酸に溶解するが，濃硝酸には不働態化して溶けない．

問22　4

$CO \rightarrow CO_2$	：酸素を化合しているので酸化
$CH_3CH_2OH \rightarrow CH_3CHO$	：水素を失っているので酸化
$H_2S \rightarrow S$	：水素を失っているので酸化
$O_3 \rightarrow O_2$	：酸素を失っているので還元
$CH_4 \rightarrow CO_2$	：水素を失い，酸素を化合しているので酸化

問23　2

炭酸水素ナトリウムは不燃性の粉末で，粉末消火剤としても使用される．

問24　2

硫酸は2価の酸（$H_2SO_4 \rightarrow 2H^+ + SO_4^{2-}$）なので，水素イオン濃度は$0.005 \times 2 = 0.01$ mol/Lである．よって，0.005 mol/Lの硫酸500 mL中には0.005 molの水素イオンが存在する．

一方，塩酸は1価の酸（$HCl \rightarrow H^+ + Cl^-$）なので，水素イオン濃度は0.01 mol/Lである．よって，0.01 mol/Lの塩酸500 mL中には0.005 molの水素イオンが存在する．

すなわち，混酸中の水素イオン濃度は$(0.005 + 0.005)$mol/$(500 + 500)$ mL$= 0.01$ mol/Lとなる．

$pH = -\log[H^+] = -\log(1 \times 10^{-2}) = 2$

問25　4

石炭は酸素を吸着し，酸化によって自然発火を起こすことがあるため，主な原因は酸化熱である．なお，吸着熱が原因で自然発火を起こす可能性がある物質には，活性炭や炭素粉末等がある．

問26　1

第1類危険物の判定試験は，爆発の危険性を判断するための試験，又は加熱分解の激しさを判断するための試験によって行う．なお，加熱分解の激しさを判断するための試験は，第5類危険物の判定試験である．

問27　3

無機過酸化物は過酸化物イオンを含む．なお，ペルオキシ基を有するものは，有機過酸化物である．

問28　1

過塩素酸ナトリウムには潮解性があり，水に易溶．

過塩素酸カリウムと過塩素酸アンモニウムの分解温度は，それぞれ約400 ℃と150 ℃．

過塩素酸アンモニウムはアルコールに可溶．

問29　4

過酸化マグネシウムは水と反応して酸素を放出するが，水に不溶である．

問30　5

過マンガン酸ナトリウムは潮解性を示すが，過マンガン酸カリウムは潮解性を示さない．

問31　2

一般に第2類危険物は水に不溶で，水より重い．

問32　1

水又は熱湯と反応して硫化水素を生じる．

燃焼によって亜硫酸ガスを生じる．

三硫化りんは二硫化炭素に溶けるが，五硫化りんと七硫化りんはほとんど溶けない．

乾燥砂や不燃性ガスによる消火は効果的である．

問33　4

どちらも水酸化ナトリウム水溶液に溶けて水素を発生する．

問34　5

乾燥砂はすべての第３類危険物の消火に効果的であるが，二酸化炭素は効果がない．

問35　3

ナトリウムの炎色反応は黄色である．

どちらも水より軽く，アルコールに可溶である．

ナトリウムは潮解性を示さないが，カリウムは潮解性を示す．

問36　5

水素化ナトリウムは還元性が強い．

問37　4

霧状の水，棒状の水，強化液は使用できない．

問38　3

刺激臭のある無色の液体で，水にわずかに溶解する．

空気中で直射日光にさらすと過酸化物を生成する．

引火点は第４類危険物の中で最も低い．なお，第４類危険物の中で発火点が最も低いのは二硫化炭素である．

問39　5

いずれも芳香族化合物であるが，ピリジンは水によく溶ける．

問40　1

第５類危険物は，常温で液体のものよりも固体のものの方が多い．

問41　**3**

密栓すると，内圧が上がり，分解を促進する．

問42　**2**

無色の油状液体で，甘味を有する．

水にはほぼ不溶であるが，有機溶剤に溶ける．

凍結させると危険性が増す．

問43　**2**

可燃物や有機物等を酸化させるが，分解して酸素を放出するわけではない．

(分解して酸素を放出するのは，第1類危険物)

問44　**3**

湿気を含む空気中では，褐色の発煙を生じる．

日光によって分解し，二酸化窒素を生じる．

酸化力は発煙硝酸より弱く，白金や金は硝酸によって腐食されない．

問45　**4**

極めて不安定な化合物であるが，水溶液も不安定である．

模擬試験問題　No. 3

問1　**5**

ヒドロキシルアミン塩類は第５類危険物である.

カルシウムは第３類危険物である.

マグネシウムは第２類危険物である.

有機過酸化物は第５類危険物である.

問2　**3**

鉄粉の指定数量は 500 kg なので，指定数量の倍数は６倍となる.

黄りんの指定数量は 20 kg なので，指定数量の倍数は 15 倍となる.

カリウムの指定数量は 10 kg なので，指定数量の倍数は 30 倍となる.

酢酸の指定数量は 2000 L なので，指定数量の倍数は 1.5 倍となる.

二硫化炭素の指定数量は 50 L なので，指定数量の倍数は６倍となる.

問3　**3**

工事に係らない部分の全部又は一部について，「市町村長」の「承認」を受けたときは，完成検査を受ける前でも「仮に」使用することができる.

問4　**4**

移動タンク貯蔵所による危険物の「移送」は「取扱」に該当するので，指定数量の倍数が１未満の危険物を移送する場合は，市町村条例が適用される.（「移送」と「運搬」の違いに注意）

問5　4

最初の従事日（今年の6月1日）の2年前以内に講習を受けていることから，今年の4月1日から3年後の3月31日までに保安講習を受けなければならないので，Dのみが誤りとなる．

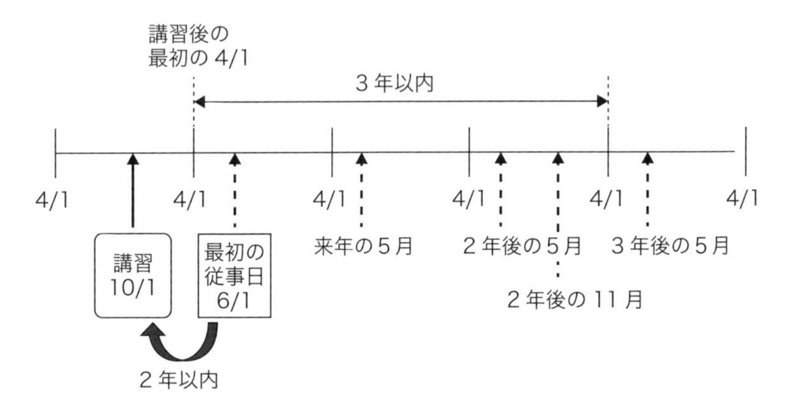

問6　1

重油は第4類危険物の第2石油類（非水溶性）なので，指定数量の倍数は50倍となる．また，引火点は60～150℃なので，危険物保安監督者を定めなくても良い製造所等は，屋内タンク貯蔵所，簡易タンク貯蔵所，移動タンク貯蔵所，第2種販売取扱所の4つである．

問7　2

予防規程を制定又は変更するときは，市町村長等の「認可」を受けなければならない．

問8　5

応急措置を命じたが，期限までに完了する見込みがないとき，市町村長等は消防職員又は第三者にその措置を取らせることができるのであって，使用の停止は命じない．

問9　4

丙種危険物取扱者は，自身が定期点検を行うことは可能であるが，無資格者の立会いはできない．

問10　3

屋内タンク貯蔵所には，保安距離及び保有空地の確保は義務付けられていない．

問11　4

屋内貯蔵タンク，簡易貯蔵タンク，移動貯蔵タンクのタンク容量は，法令で規制されている．

問12　5

黄りんは水中で貯蔵するため，禁水性物品と一緒に貯蔵はできない．

問13　2

二酸化炭素及びハロゲン化物は，第４類危険物のみに有効．

粉末（りん酸塩類）は，第４類危険物及び第５類危険物に有効．

水（棒状）は，第５類危険物及び第６類危険物に有効．

問14　4

移動貯蔵タンクから専用タンクに危険物を注入するときは，移動タンク貯蔵所を専用タンクの注入口の近くに停車させる．

問15　2

硫黄は第２類危険物なので，混載できるものは第４類危険物と第５類危険物となる．

問16　**2**

$C_4H_{10}O$ の構造異性体は，下記の 7 種類である．

アルコール：4 種類

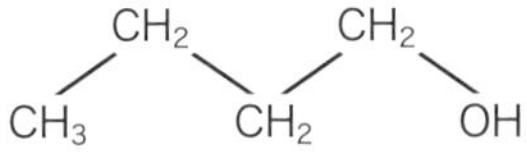

CH_2　CH_2
CH_3　CH_2　OH

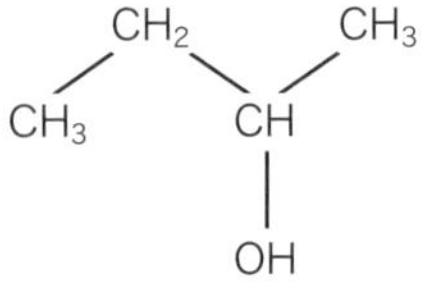

CH_2　CH_3
CH_3　CH
OH

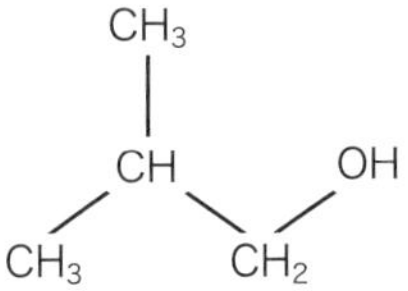

CH_3
CH　OH
CH_3　CH_2

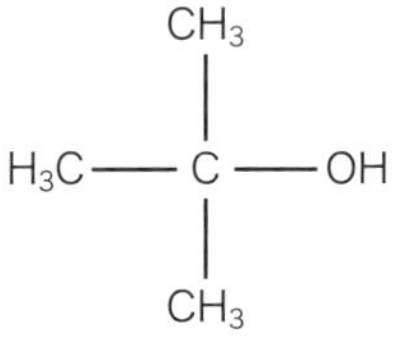

CH_3
H_3C — C — OH
CH_3

エーテル：3 種類

CH_2　O
CH_3　CH_2　CH_3

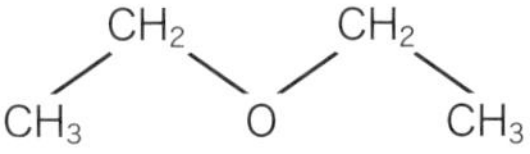

CH_2　CH_2
CH_3　O　CH_3

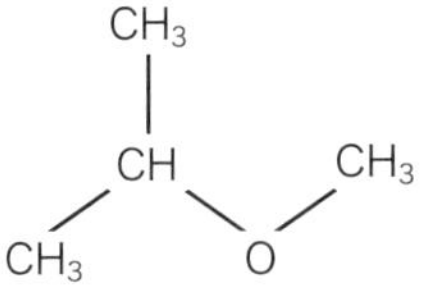

CH_3
CH　CH_3
CH_3　O

問17　**3**

窓から入る日差しが暖かいのは，放射（ふく射）によるものである．

エアコンによって室温を上げたり下げたりするのは，対流によるものである．

ホットカーペットの上が暖かいのは，伝導によるものである．

夜になると涼しく（寒く）なるのは，放射（ふく射）によるものである．

問18 **5**

ジュール熱は点火源になることもある．

問19 **1**

気体の状態方程式 $PV = nRT$ に代入する．

$P = 6.0 \times 10^5$ Pa，$V = 83$ L，$R = 8.3 \times 10^3$ Pa・L/(K・mol)，

$T = 27 + 273 = 300$ K

$n = 20$ mol

よって，分子量は $40 \div 20 = 2$ となる．

問20 **5**

31.0 ℃以下の二酸化炭素に 7.39 MPa 以上の圧力をかけると液化する．

問21 **5**

塩水は，水中に Na^+イオンと Cl^-イオンが存在する．ここから水を除去すると，Na^+イオンと Cl^-イオンが反応して NaCl となる．

問22 **4**

アセチレンが燃焼するときの反応は次の通り．

$2\ C_2H_2 + 5\ O_2 \rightarrow 4\ CO_2 + 2\ H_2O$

アセチレンの分子量は 26.0 なので，アセチレン 39.0 g は 1.50 mol となる．

アセチレン 2 mol を完全燃焼させるために必要な酸素は 5 mol なので，アセチレン 1.50 mol を完全燃焼させるために必要な酸素は 3.75 mol となる．

標準状態で酸素 1 mol は 22.4 L であることから，酸素 3.75 mol は 84.0 L となる．

問23 **2**

融点や沸点は，分子量が大きいほど高くなる．

問24　1

引火点とは，液体表面に燃焼範囲の下限値の可燃性蒸気が発生する最低の液温のこと．すなわち，液体表面に点火源を近づけたとき，引火する最低の液温のこと．

問25　3

泡消火剤は電気火災に不適．二酸化炭素，炭酸水素ナトリウム及びハロゲン化物の粉末消火剤は普通火災に不適．

問26　4

第2類危険物は可燃性固体であり，すべて可燃性である．

第3類危険物は自然発火性又は禁水性物質であり，一部不燃性である．

第4類危険物は引火性液体であり，すべて可燃性である．

第6類危険物は酸化性液体であり，すべて不燃性である．

問27　5

危険物に直接注水することは厳禁だが，隣接する可燃物に注水して延焼を防止することは有効である．

問28　1

過酸化カリウムは，潮解性を示す．

問29　2

刺激臭があり，直射日光を当てると，二酸化塩素を生じる．

鉄や銅を腐食するため，これらとの接触は避ける．

水とは反応しないことから，注水消火は有効である．

問30　4

酸と接触して塩素を生成する．

問31　3

酸化剤の接触により爆発する危険性がある．

問32　1

常温では無臭の固体又は粉末であるが，加熱すると融解し，その蒸気が燃焼する．燃焼すると，有毒な二酸化硫黄（亜硫酸ガス）を生じる．

水には不溶で，消火には注水以外に，強化液，泡消火剤，乾燥砂等も有効である．

問33　2

金属粉に直射日光を照射しても，危険性は生じない．

問34　1

リチウムは禁水性のみ，黄りんは自然発火性のみの性質を有する．

バリウムは可燃性，りん化カルシウムは不燃性である．

問35　3

猛毒で，服用すると数時間で死亡する．

問36　2

水と反応して水酸化亜鉛とエタンを生成する．

問37　4

(A)，(C)，(D)が誤り．

第4類危険物の蒸気はすべて空気より重く，その蒸気が蒸発燃焼する．

霧状のものや布に染み込んだものは，引火点以下でも燃焼することがある．

問38　5

二硫化炭素は可燃性蒸気の発生を防ぐために，水没貯蔵する．

問39　**3**

エタノールの分子量はメタノールよりも大きいので，沸点はメタノールよりも高い．

メタノールには毒性があるが，エタノールにはない．

第４類危険物の中で最も燃焼範囲が広いのはアセトアルデヒドである．

エタノールを酸化させるとアセトアルデヒドになる．

問40　**3**

アジ化ナトリウム等，分子中に酸素をもたないものもある．

問41　**4**

無臭で白色の粒状結晶である．

乾燥したものは爆発の危険性があるため，乾燥状態では取り扱わない．

着火すると黒煙を上げて燃焼し，注水や泡消火剤で冷却消火する．

問42　**5**

単独でも，打撃や摩擦等によって爆発する危険性がある．

問43　**4**

蒸気は有毒のため，吸入しないようにマスクを着用し，風上から消火する．

問44　**2**

刺激臭のある無色の液体である．

水やアルコールに可溶で，水中に滴下すると発熱する．

アルコール等の有機物と混合すると，発火や爆発する危険性がある．

問45　**5**

二硫化炭素との接触により，発火又は爆発の危険性がある．

索　引

欧字

ＡＢＣ消火剤 ………………… 168
ＢＣ消火剤 …………………… 168
pH……………………………… 141

あ行

アース ………………………… 112
アボガドロの法則 ………… 118
アルカリ金属 ……………… 138
アルカリ性 ………………… 140
アルカリ土類金属 ………… 138
アルカン …………………… 144
アルキン …………………… 145
アルケン …………………… 145
アルコール ………………… 146
アルデヒド ………………… 147
アレニウスの式 …………… 131

イオン ………………………… 96
イオン化傾向 ……………… 136
異性体 ………………………… 98
移送取扱所 ………………… 70
一般取扱所 ………………… 72
移動タンク貯蔵所 ………… 59
陰イオン ……………………… 96
引火点 ……………………… 155

エーテル …………………… 147
液化 ………………………… 101
液体 …………………………… 99
エステル …………………… 147
塩 …………………………… 140
塩基 ………………………… 140
塩基性 ……………………… 140
塩基性塩 …………………… 141
延性 ………………………… 136
応急措置 ……………………… 38
オームの法則 ……………… 109
屋外タンク貯蔵所 ………… 48
屋外貯蔵所 ………………… 61
屋内タンク貯蔵所 ………… 53
屋内貯蔵所 ………………… 46
温度 ………………………… 105

か行

化学泡 ……………………… 166
化学式 ………………………… 98
化学繊維 …………………… 112
化学反応式 ………………… 124
化学平衡 …………………… 132
化学変化 …………………… 123
可逆反応 …………………… 132
拡散燃焼 …………………… 152
化合 ………………………… 124
化合物 ………………………… 95
活性化エネルギー ………… 131
可燃物 ……………………… 149
仮貯蔵 ………………………… 12
仮取扱い ……………………… 12
カルボン酸 ………………… 147
カロリー …………………… 105
簡易タンク貯蔵所 ………… 58
還元 ………………………… 129
還元剤 ……………………… 130
完成検査 ……………………… 15
完成検査前検査 …………… 15

気化 ………………………… 101
機械泡 ……………………… 166
気化熱 ……………………… 101
危険物 ………………………… 3
危険物施設保安員 ………… 26
危険物取扱者免状 ………… 17
危険物の規制に関する規則… 2
危険物の規制に関する政令… 2

危険物保安監督者 …………　23
危険物保安統括管理者 ……　21
気体 ……………………………　99
気体定数 ……………………　118
気体の状態方程式 …………　118
起電力 ………………………　143
キャノピー …………………　68
給油空地 ……………………　64
給油取扱所 …………………　64
強化液 ………………………　165
凝固 …………………………　101
凝固点 ………………………　101
凝固点降下 …………………　104
凝縮 …………………………　101
許可の取り消し ……………　35

空気泡 ………………………　166

軽金属 ………………………　135
警報設備 ……………………　75
ケトン ………………………　147
ケルビン ……………………　105
限界酸素濃度 ………………　150
原子 …………………………　94
原子核 ………………………　95
原子番号 ……………………　96
原子量 ………………………　97
元素 …………………………　94
元素記号 ……………………　94

構造異性体 …………………　98
構造式 ………………………　99
固体 …………………………　99
固定給油設備 ………………　66
固定注油設備 ………………　66
混合危険 ……………………　159
混合物 ………………………　95
混載 …………………………　88

さ行

酸 ……………………………　139
酸化 …………………………　129
酸化還元反応 ………………　129
酸化剤 ………………………　130
酸欠 …………………………　134
酸性 …………………………　139
酸性塩 ………………………　141
酸素供給源 …………………　149
酸素欠乏症 …………………　134

自衛消防組織 ………………　33
脂環式炭化水素 ……………　145
敷地内距離 …………………　48
自己燃焼 ……………………　153
示性式 ………………………　99
自然発火 ……………………　158
湿度 …………………………　133
質量数 ………………………　96
質量パーセント濃度 ………　121
質量保存の法則 ……………　127
指定数量 ……………………　7
シャルルの法則 ……………　115
重金属 ………………………　135
重合 …………………………　126
ジュール ……………………　105
ジュール熱 …………………　110
ジュールの法則 ……………　110
純物質 ………………………　95
昇華 …………………………　101
消火剤 ………………………　164
消火設備 ……………………　73
蒸気圧 ………………………　102
蒸気比重 ……………………　113
状態変化 ……………………　100
使用停止命令 ………………　35
蒸発 …………………………　101
蒸発熱 ………………………　101
蒸発燃焼 ……………………　153
消防法 ………………………　2

除去消火 …………………… 161
触媒 ………………………… 132
触媒反応 …………………… 132

水酸化物イオン …………… 140
水蒸気爆発 ………………… 206
水素イオン ………………… 139
水素イオン指数 …………… 141
水没貯蔵 …………………… 230
水溶液 ……………………… 121

正塩 ………………………… 141
生成熱 ……………………… 127
製造所 ……………………… 39
静電気 ……………………… 111
絶縁体 ……………………… 110
セ氏温度 …………………… 105
絶対温度 …………………… 105
絶対湿度 …………………… 133
接地 ………………………… 112
セルシウス温度 …………… 105
全圧 ………………………… 119
線膨張 ……………………… 108
線膨張率 …………………… 108

相対湿度 …………………… 133
組成式 ……………………… 98

た行

第 1 種消火設備 …………… 162
第 2 種消火設備 …………… 163
第 3 種消火設備 …………… 163
第 4 種消火設備 …………… 164
第 5 種消火設備 …………… 164
体積百分率 ………………… 122
体膨張 ……………………… 108
体膨張率 …………………… 108
対流 ………………………… 107
立入検査 …………………… 37
炭化水素 …………………… 144
単体 ………………………… 95

地下タンク貯蔵所 ………… 56
置換 ………………………… 125
窒息消火 …………………… 161
中性子 ……………………… 96
注油空地 …………………… 64
中和 ………………………… 140
中和熱 ……………… 128, 140
潮解 ………………………… 123
貯留設備 …………………… 42

定期点検 …………………… 31
定期保安検査 ……………… 30
抵抗 ………………………… 110
定常燃焼 …………………… 152
定比例の法則 ……………… 127
電圧 ………………………… 110
電位 ………………………… 110
電位差 ……………………… 110
電解質 ……………………… 139
点火源 ……………………… 149
電気抵抗 …………………… 110
電子 ………………………… 95
展性 ………………………… 136
電池 ………………………… 143
伝導 ………………………… 107
天然繊維 …………………… 112
電離 ………………………… 139
電離液 ……………………… 143
電離度 ……………………… 139
電流 ………………………… 109

同位体 ……………………… 97
同族体 ……………………… 144
同素体 ……………………… 95

な行

内部燃焼 …………………… 153

二酸化炭素 …… 167

熱 …… 105
熱化学方程式 …… 128
熱伝導率 …… 107
熱膨張 …… 108
熱容量 …… 106
熱量 …… 105
燃焼 …… 149
燃焼熱 …… 128
燃焼の三要素 …… 149
燃焼範囲 …… 154

は行

倍数比例の法則 …… 127
爆発燃焼 …… 153
発火点 …… 157
ハロゲン化炭化水素 …… 167
ハロゲン元素 …… 142
反応速度 …… 131
反応速度定数 …… 131
反応熱 …… 127
販売取扱所 …… 69

比重 …… 113
非定常燃焼 …… 153
非電解質 …… 139
ヒドロキシ基 …… 146
避難設備 …… 77
比熱 …… 105
標準状態 …… 118
表面積 …… 136
表面燃焼 …… 153

風解 …… 123
付加 …… 125
不可逆反応 …… 132
ふく射 …… 107
複分解 …… 125
負触媒消火 …… 162

物質の三態 …… 99
物質量 …… 118
沸点 …… 102
沸点上昇 …… 104
沸騰 …… 102
物理変化 …… 123
不良導体 …… 110
分圧 …… 119
分圧の法則 …… 119
分解 …… 125
分解燃焼 …… 153
分子 …… 94
分子式 …… 94, 98
分子量 …… 97
粉じん爆発 …… 154

平衡状態 …… 132
ヘスの法則 …… 128
ペルオキシ基 …… 246

保安距離 …… 39
保安講習 …… 20
ボイル・シャルルの法則 …… 116
ボイルの法則 …… 114
芳香族炭化水素 …… 145
放射 …… 107
膨張率 …… 108
防油堤 …… 52
飽和蒸気圧 …… 102
飽和溶液 …… 121
保有空地 …… 40

ま行

水 …… 164
密度 …… 112

無機化合物 …… 143

モル …… 118
モル濃度 …… 122

や行

融解 …… 100
融解熱 …… 100
有機化合物 …… 143
有機過酸化物 …… 147
融点 …… 100

陽イオン …… 96
溶液 …… 121
溶解 …… 121
溶解度 …… 121
溶解熱 …… 128
陽子 …… 95
溶質 …… 121
ヨウ素価 …… 244
溶媒 …… 121
抑制消火 …… 162
予混合燃焼 …… 152
予防規程 …… 28

ら行

良導体 …… 110
臨界圧力 …… 120
臨界温度 …… 120
臨時保安検査 …… 30

ルシャトリエの原理 …… 132

冷却消火 …… 161

漏洩検知 …… 57

化合物

1−アリルオキシ−2,3−エポキシプロパン …… 262
1−ブタノール …… 238
1−プロパノール …… 235
2−プロパノール …… 235
4−メチレン−2−オキセタノン …… 263

亜塩素酸カリウム …… 187
亜塩素酸鉛 …… 187
亜塩素酸銅 …… 187
亜塩素酸ナトリウム …… 187
亜鉛粉 …… 207, 208
アクリル酸 …… 239
アジ化ナトリウム …… 260
亜硝酸アンモニウム …… 197
亜硝酸カリウム …… 197
亜硝酸ナトリウム …… 197
アセトアルデヒド …… 231
アセトン …… 232
アゾビスイソブチロニトリル …… 255
アニリン …… 241
亜硫酸ガス …… 202
アルキルアルミニウム …… 216
アルミニウム粉 …… 207, 208
硫黄 …… 205
一塩化臭素 …… 270
一ふっ化臭素 …… 270
一酸化炭素 …… 134
エタノール …… 235
エチルアルコール …… 235
エチルエーテル …… 230
エチレングリコール …… 242
塩酸ヒドロキシルアミン …… 259
塩素酸アンモニウム …… 180
塩素酸カリウム …… 179
塩酸酸カルシウム …… 179
塩素酸ナトリウム …… 180

塩素酸バリウム …………… 179
塩剥 ………………………… 179
王水 ………………………… 137
黄りん ……………………… 218

過塩素酸 …………………… 265
過塩素酸アンモニウム …… 182
過塩素酸カリウム ………… 181
過塩素酸カルシウム ……… 181
過塩素酸ナトリウム ……… 182
過塩素酸マグネシウム …… 181
過酢酸 ……………………… 248
過酸化アセトン …………… 246
過酸化カリウム …………… 184
過酸化カルシウム ………… 185
過酸化重土 ………………… 186
過酸化水素 ………………… 267
過酸化ストロンチウム …… 185
過酸化石灰 ………………… 185
過酸化ナトリウム ………… 184
過酸化バリウム …………… 186
過酸化ベンゾイル ………… 247
過酸化マグネシウム ……… 186
過酸化リチウム …………… 183
可塑剤 ……………………… 243
ガソリン …………………… 233
過ほう酸アンモニウム …… 199
過マンガン酸アンモニウム 192
過マンガン酸カリウム …… 192
過よう素酸 ………………… 195
過よう素酸ナトリウム …… 195
カリウム …………………… 214
過硫酸カリウム …………… 199
カルキ ……………………… 198
カルシウム ………………… 220
カルシウムカーバイド …… 225
乾性油 ……………………… 244
キシレン …………………… 237
グアニジン硝酸塩 ………… 261
グリセリン ………………… 242
クレオソート油 …………… 241
クロール石灰 ……………… 198
クロロベンゼン …………… 238
軽油 ………………………… 236
高度さらし粉 ……………… 198
固形アルコール …………… 210
五酸化二よう素 …………… 197
五ふっ化臭素 ……………… 271
五ふっ化よう素 …………… 271
ゴムのり …………………… 211
五硫化りん ………………… 203

酢酸 ………………………… 237
酢酸エチル ………………… 234
三塩素化イソシアヌル酸 … 198
酸化プロピレン …………… 232
三酸化クロム ……………… 196
三硝酸グリセリン ………… 250
酸素 ………………………… 134
三ふっ化塩素 ……………… 270
三ふっ化臭素 ……………… 270
三硫化りん ………………… 202
次亜塩素酸カルシウム …… 198
ジアゾジニトロフェノール
………………………………… 256
ジエチル亜鉛 ……………… 221
ジエチルエーテル ………… 230
ジニトロソペンタメチレンテトラミン
………………………………… 254
重クロム酸アンモニウム … 194
重クロム酸カリウム ……… 194
重クロム酸ナトリウム …… 193
臭素酸カリウム …………… 188
臭素酸ナトリウム ………… 188
臭素酸バリウム …………… 188
臭素酸マグネシウム ……… 188
重油 ………………………… 240
潤滑油 ……………………… 243
硝化綿 ……………………… 250
硝酸 ………………………… 268
硝酸アンモニウム ………… 190
硝酸エチル ………………… 250
硝酸カリウム ……………… 189
硝酸銀 ……………………… 189

硝酸グアニジン …………… 261
硝酸ナトリウム …………… 190
硝酸バリウム ……………… 189
硫酸ヒドラジン …………… 257
硫酸ヒドロキシルアミン … 259
硝酸メチル ………………… 249
硝石 ………………………… 189
水素化ナトリウム ………… 222
水素化リチウム …………… 223
水素化カリウム …………… 222
水素化カルシウム ………… 222
スチレン …………………… 238
赤りん ……………………… 204

炭化アルミニウム ………… 226
炭化カルシウム …………… 225
チリ硝石 …………………… 190
鉄粉 ………………… 206, 207
動植物油類 ………………… 244
灯油 ………………………… 236
ドライアイス ……………… 134
トリクロロイソシアヌル酸
………………………………… 198
トリクロロシラン ………… 227
トリニトロトルエン ……… 253
トリニトロフェノール …… 252
トルエン …………………… 233

ナトリウム ………………… 215
七硫化りん ………………… 203
ニクロム酸アンモニウム … 194
ニクロム酸カリウム ……… 194
二酸化硫黄 ………………… 202
二酸化鉛 …………………… 196
二酸化重土 ………………… 186
二酸化炭素 ………………… 134
ニトログリセリン ………… 250
ニトロセルロース ………… 250
ニトロベンゼン …………… 241
二硫化炭素 ………………… 230
二りん化三カルシウム …… 224
ノルマルブチルアルコール… 238
ノルマルブチルリチウム … 217

発煙硝酸 …………………… 269
バリウム …………………… 220
半乾性油 …………………… 244
ピクリン酸 ………………… 252
ヒドロキシルアミン ……… 258
漂白粉 ……………………… 198
ピリジン …………………… 234
不乾性油 …………………… 244
ふっ化水素ガス …………… 270
プロピオン酸 ……………… 237
プロピレンオキシド ……… 232
ブロム酸カリ ……………… 188
ペルオキソ二硫酸カリウム
………………………………… 199
ペルオキソほう酸アンモニウム
………………………………… 199
ベンゼン …………………… 233

マグネシウム ……………… 209
無水クロム酸 ……………… 196
メタ過よう素酸 …………… 195
メタ過よう素酸ナトリウム
………………………………… 195
メタノール ………………… 235
メチルアルコール ………… 235
メチルエチルケトン ……… 234
メチルエチルケトンパーオキサイド
………………………………… 247

よう素酸亜鉛 ……………… 191
よう素酸カリウム ………… 191
よう素酸カルシウム ……… 191
よう素酸ナトリウム ……… 191

ラッカーパテ ……………… 211
リチウム …………………… 219
硫化水素 …………………… 202
りん化カルシウム ………… 224

── 著 者 略 歴 ──

小川　和郎（おがわ　かずお）
1999年　富山大学大学院工学研究科物質工学専攻博士前期課程修了
1999年　米子工業高等専門学校物質工学科助手・准教授
2020年　米子工業高等専門学校物質工学科教授
2021年　米子工業高等専門学校総合工学科教授（現在に至る）

学位：博士（工学）
資格：乙種第4類危険物取扱者，衛生工学衛生管理者など

甲種危険物取扱者速習テキスト

2021年12月22日　　第1版第1刷発行

著　者　小（お）　川（がわ）　和（かず）　郎（お）
発行者　田　中　聡

発 行 所
株式会社 電 気 書 院
ホームページ　www.denkishoin.co.jp
（振替口座　00190-5-18837）
〒101-0051　東京都千代田区神田神保町1-3ミヤタビル2F
電話(03)5259-9160／FAX(03)5259-9162

印刷　中央精版印刷株式会社　DTP　Mayumi Yanagihara
Printed in Japan／ISBN978-4-485-21043-7

• 落丁・乱丁の際は，送料弊社負担にてお取り替えいたします.

[本書の正誤に関するお問い合せ方法は，最終ページをご覧ください]

書籍の正誤について

万一，内容に誤りと思われる箇所がございましたら，以下の方法でご確認いただきますようお願いいたします．

なお，正誤のお問合せ以外の書籍の内容に関する解説や受験指導などは**行っておりません**．このようなお問合せにつきましては，お答えいたしかねますので，予めご了承ください．

正誤表の確認方法

最新の正誤表は，弊社Webページに掲載しております．「キーワード検索」などを用いて，書籍詳細ページをご覧ください．
正誤表があるものに関しましては，書影の下の方に正誤表をダウンロードできるリンクが表示されます．表示されないものに関しましては，正誤表がございません．

弊社Webページアドレス
https://www.denkishoin.co.jp/

正誤のお問合せ方法

正誤表がない場合，あるいは当該箇所が掲載されていない場合は，書名，版刷，発行年月日，お客様のお名前，ご連絡先を明記の上，具体的な記載場所とお問合せの内容を添えて，下記のいずれかの方法でお問合せください．
回答まで，時間がかかる場合もございますので，予めご了承ください．

郵便で問い合わせる
郵送先
〒101-0051
東京都千代田区神田神保町1-3
ミヤタビル2F
㈱電気書院　出版部　正誤問合せ係

ファクス番号 **03-5259-9162**

弊社Webページ右上の「**お問い合わせ**」から
https://www.denkishoin.co.jp/

お電話でのお問合せは，承れません

（2021年6月現在）